世界のアニマルシェルター《保健所》は、犬や猫を生かす場所だった。

本庄 萌

Moe Honjo

ダイヤモンド社

動物を大事にしない人が、
家族や友人を大切にしてくれるでしょうか？
たとえば、あなたのパートナーが
犬や猫をいじめる場面を見たら……。

日本の保健所で殺処分される
犬や猫は、年間8万頭。
保護施設のスタッフは、
1頭、1匹でも多くの命を救おうと一生懸命で
かなり減ってきてはいますが、
それでもまだ「命を絶つ場所」のイメージが。

でも、世界のシェルターは
「命を救う場所」に。
私が8カ国を巡って見聞きした
明るくキレイな施設や先進的なシステム。
ドイツでは殺処分ゼロへの可能性を
取材しました。

スペインでは、足に補助器具を付けた
犬など50頭もが放し飼いになっていました。
元気に「本当の笑顔」を見せて走り回る姿に
心を大きく揺さぶられて。

豚、ニワトリなど畜産動物も
人間と同じように
「価値」を持つからと大事にされていて、
食肉文化についても考えが及んだ
アメリカのシェルター。

ケニアの大自然でも多くの学びが。
象牙のハンコを買うことが、
ゾウの密猟につながっているなんて……。
見世物にされたチンパンジーを
自然の中で保護。

そして日本でも、
動物保護後進国の汚名返上とばかりに、
新しい芽吹きがあります。
都会の「保護猫カフェシェルター」では
ビジネス面からも成立させ、
なんと6年半で4000頭を譲渡！

世界のシェルターには、人が好きで、でも、
愛する家族に捨てられた犬や猫が、
新しい家族を待っていることを伝えたい。

いじめ、殺人事件、そして、戦争。
人に対するそんな残酷な行いは
みんなが動物をいたわる社会になれば
なくなっていくのではないでしょうか。

"Lots of people talk to animals.
Not very many listen, though.
That's the problem."

「動物に話しかける人はいっぱいいる。
だけど、聴く人はあまりいない。
そこが問題なんだ」

——ベンジャミン・ホフ

はじめに

「命を絶つ」場所から「生かす」場所への願いを携えて

日本では今も1時間に9匹もの命が奪われています

みなさんは、日本で1年間にどれくらいの犬猫が殺処分されているかご存じですか？

日本の保健所で平成27年度に殺処分された犬猫の数は、約8万。たった今も、1時間に9匹のペースで犬猫の命が奪われている計算になります。

日本の保健所での殺処分問題をぼんやりと知っていた私が、さらなる興味を持ち始めたのは、17歳のときにイギリスの保健所を訪ねてからです。

イギリスの田舎にある保健所。おそろしいイメージを持ったまま足を踏み入れたそこは、明るく緑が多いスペース。目の前に広がるのは、狭くて冷たいケージではなく、太陽の光が降り注ぐ個室や散歩コース……。

そして、保護されている動物たちの表情は健やかでした。人に捨てられたり暴力を受けた犬や猫たちなのに、ここに来て、嬉しそうに人を迎えるまでになっている。そして、動物と近所の人々が出会って家族の一員になっていく瞬間があり、そんな出会いを手伝えて嬉しそうなスタッフ。

そこでは、病気でない限り、動物が安楽死させられることはまずありません。**イギリスの保健所の実情を見てから、日本の殺処分も「しょうがない」のひと言で片づけられる問題ではないと考えさせられました。**

それ以来私は、人と動物、両者にとってより良い社会の実現を目指したいと考えるようになり、現在は動物に関する法律を研究しています。

人と動物にとってより良い社会って具体的にどういうこと？　そう思われた方がほとんどでしょう。私も最初はそう思いました。その答えを探すために私は、今もなお世界じゅうの動物保護施設を訪問し続けています。**これまでに、8カ国、合計25カ所の動物保護施設を巡ってきました。**動物保護施設は、人と動物が関わる問題の縮図とも言える場所だからです。

保健所は「動物を生かす場所」であってほしい

イギリスの保健所訪問をきっかけに、現場の人ならとっくにわかっているシンプルなことに気づきました。

「保健所は、動物を殺す場所ではなく、動物の命を救える場所」

殺処分の先入観が打ち砕かれ、保健所に足を踏み入れる前の恐怖が解かれた私は「アニマルシェルター」、つまり保健所に引き込まれていきます。

ちなみに、保健所という言葉が持つ殺処分の冷たいイメージを払拭することがこの本の願いでもあるため、以下、アニマルシェルターと記すことにします（動物を基本的には終生保護する施設はサンクチュアリ、日本の行政運営の場合は動物保護施設で）。

もっと世界じゅうのシェルターについて知りたい。さらに良くなるよう改善点を見直す方法を見つけたい。そこから私の、8カ国にわたるアニマルシェルター世界紀行は始まりました。**各国のシェルターにはその国の色がよく表れています。**

アメリカでは、豚やニワトリなどの畜産動物が、犬猫と同様に大事にされている姿を見て、食肉文化について自問。

ドイツの市営シェルターでスタッフの人から教えてもらった、殺処分ゼロを可能にする秘密。

ロシアでは、街のあちこちで野良犬にパンを分け与える市民の姿に感銘を受け、一方で、訪ねたシェルターの、冷たく重い雰囲気にぞくっと背筋が凍る。

スペインでは、がっしりした体格の犬たちが、自然保護区を自由に悠々と走り回る景色が圧巻でした。

ケニアでは、日本を含めたアジアがゾウを絶滅に追い込んでいることを知る。

香港では、傷だらけで発見されたシェパード犬の笑顔に出会う。

日本では……熊本の職員さんの、殺したくないという強い思いに触れる。

多種多様なアニマルシェルターは、世界共通の、人と動物の関係における問題点を映し出しています。そしてもちろん、いつも私が待ち遠しいのは、かわいい動物との出会い。

普通の犬好きだった私がなぜ動物法学者に？

そんな旅をしてきた私は、大学に入るまで、現代版遊牧民である親の転勤にくっついて、14年間の海外生活を送りました。

小さいときから動物、とりわけ犬が好きで、小学校3年生のときの将来の夢は「犬を飼うこと」。10歳で願いが叶い、チェコ共和国で犬と暮らし始めます。以来、シャイなところがかわいいシェルティー「あくび」とともに育ちました。専攻するアートの授業ではあくびをモデルに絵を描き、パソコンや手帳はあくびの写真でいっぱい。高校2年になると、将来の夢は、犬のトレーナーに変わっていました。しかし、イギリスでの高校時代、動物好きということで、学校からアニマルシェルターでの職場体験を言いわたされます。それが冒頭に書いたことで、ここで人生が１８０度変わります。

イギリスのアニマルシェルターで受けた衝撃が、今も私を世界の旅へとつき動かしています。そして、旅を続けつつ、**アメリカのロースクールで、動物法という世界的にもまだ新しい分野の法律を学んだあと、２０１４年に日本に戻りました。**現在は、一橋大学大学院法学研究科博士課程の学生として研究をしています。

ひとりひとりにできることを知ってもらいたい

日本の動物保護施設は当初、狂犬病の被害を防ぐため、野良犬を捕獲して殺処分する場所としてつくられました。しかし、**国内では約60年もの間、狂犬病など発生していません。野良犬もめったに見ない。それではなぜ、今でも犬猫の殺処分はなくなっていないのでしょうか。**

犬や猫が保健所に持ち込まれる理由はさまざま。子犬や子猫を衝動買いしてしまった人が「吠えるから」「年老いたから」といった理由で持ち込むケース。ペット業者が、売れ残り商品の感覚で捨てにくることだってあります。

しかし殺処分の理由はそれだけではなく、日本の動物保護施設の多くが、いまだ、閉ざされた場所であり続けている点にもあります。平成27年度に返還・譲渡された犬や猫は約5万頭。**殺処分された約8万の犬猫は、元の家族の場所に帰れなかった、あるいは、新しい家族と出会えなかった犬猫なのです。**

そうした現状ではありながらも、私がイギリスのシェルターを訪問してから11年が経ち、**日本のシェルターは徐々に生まれ変わり、海外のように訪ねたくなるところが増えはじめてもいます。**たとえば、20年間の構想を練ったあとに新しく建てられた横浜の動物愛護センター。緑がいっぱいで犬の個室も明るく清潔。犬のしつけ教室や野良猫管理のアドバイスも行っていて、動物に関する問題と、動物と暮らす魅力の両方をきちんと伝える場所となっています。さらに、多目的施設としても使われていて、近所の方々に喜ばれてもいます。

動物問題に関わっていくことで、心にチクッと、ときにはズキンとした痛みを与えられることは避けられないでしょう。問題の大きさ、深さを前に、無力感にさいなまれることもあるかもしれません。けれど、**ひとりひとりにできる、わずかでも前に進めることはたくさんあります。**

＊現状を把握して、家族や友人に伝える。
＊週末に近所のアニマルシェルターを訪ねてみる。

＊シェルターにいる犬や猫のエサ代のために少しずつ寄付をする。
＊シェルターで散歩のボランティアをする。
＊シェルターに入りきらない動物を、新しい家族が見つかるまで面倒を見る。
＊動物を飼う際には、まずアニマルシェルターから引き取ることを検討してみる。

などいろいろ。私の場合は、世界のシェルターを訪問し、可能な限りボランティアをし、見聞きしたものを記録し、それらをこのような形で本にまとめました。

本書を通じて、ひとりでも多くの人にアニマルシェルターについて知っていただき、**動物たちの声に耳を傾けていただけたら幸いです。**

CONTENTS

CHAPTER 2 イギリス

CHAPTER 3 ドイツ

CONTENTS

CHAPTER 6 ケニア アフリカの野生動物を密猟から必死に守る …… 175

CONTENTS

おわりに

CHAPTER

1

アメリカ

United States of America

法律を含めて
多角度に進化する

道路沿いに設置されたシェルターの旗と看板は、大きく目立つので、車をハイスピードで走らせていても見逃しません。

動物の飼養スペースや譲渡相談オフィスなどがある建物。写真に収まらなかった左手には、動物病院が併設されています。

写真ー右下・左上 Juli Zagrans

保護犬を連れたスタッフと、近所のご家族が、入口正面にて。動物がたくさんいて、かつ、とても清潔なこの場所では、子ども連れの人をよく見かけます。

受付のロビーは自然光が差し込み広く明るい。ここで、譲渡やボランティア、また、動物ふれあいキャンプなどを希望する人が申請書を記入する。中央のガラス張りの部屋は、子猫のプレイルーム。中央右手奥に進むと、譲渡対象の猫に会えます。

動物虐待は人間が凶悪犯罪に至るサイン

紀元前から脈々と続いている人と動物の深い関係。その関わりの形は時代とともに今このときも生き物のように変化し、それに対応するように、アニマルシェルターの役割や在り方も進化し続けています。動物を保護するだけでなく、**動物虐待の犯罪者の摘発**まで行うシェルターもあれば、犬猫に限らず、もともと**家畜だった馬や豚を保護**している施設もあります。

そんな、アメリカにある４つのアニマルシェルターを、動物法の議論も織り交ぜながら紹介します。

人への凶悪犯罪者が動物虐待の経験者であるケースが多いことは、多くの研究が証明しています。米国の犯罪心理学者、アラン・フェルトゥース氏が精神的に問題のある受刑者３４３人に聞き取り調査したところ、そのうちの78％が動物虐待、虐殺を行っていたといいます（四国新聞　2004/04/19 より）。

日本でも、世間を震撼させる事件の犯人の中に、動物を虐待し、痛めつけて殺して解剖して快楽を感じていたと証言する例が多々あるようです。

「足を切断された猫の死体が友が丘中学校の正門前に置かれていたのは淳くんの事件の数日前。頭部が見つかったのと同じ正門。人目につくように置かれた状況はそっくりだったという」（朝日新聞　1997/05/29 より）

酒鬼薔薇事件を起こした少年は、小学校を卒業するまでに20匹の猫を殺したといいます。猫の大量殺害、つまり動物虐待を防ぐことができていたら、日本じゅうを震撼させた酒鬼薔薇事件は起きなかったかもしれません。

２０１４年10月には佐賀の女子中学生が、**クラスメイトを殺害する前に猫の解剖を行っていた**と供述したニュースもありました。

しかし、この凶悪犯罪と動物虐待の関連性は、日本ではまだ認識が高くなく対策もあまり講じられていません。**動物の愛護及び管理に関する法律**は、動物をみだりに殺したり傷つけたものは、２年以下の懲役または２００万円以下の罰金と規定しています。

しかし、日本では、殺人や他の凶悪犯罪に埋もれてしまい、動物虐待が摘発、罰せられることは極めて稀です。では、動物虐待をどうやって止めるのか……。

空をイメージした楽しげな猫の部屋。猫は天井からぶら下がった雲（台）の上で寝ることができるようになっています。何やら相談するスタッフの傍らで安心してくつろぐ猫たち。

手入れがしっかり行き届いた、いろいろな種類の猫がケージで休んでいます。

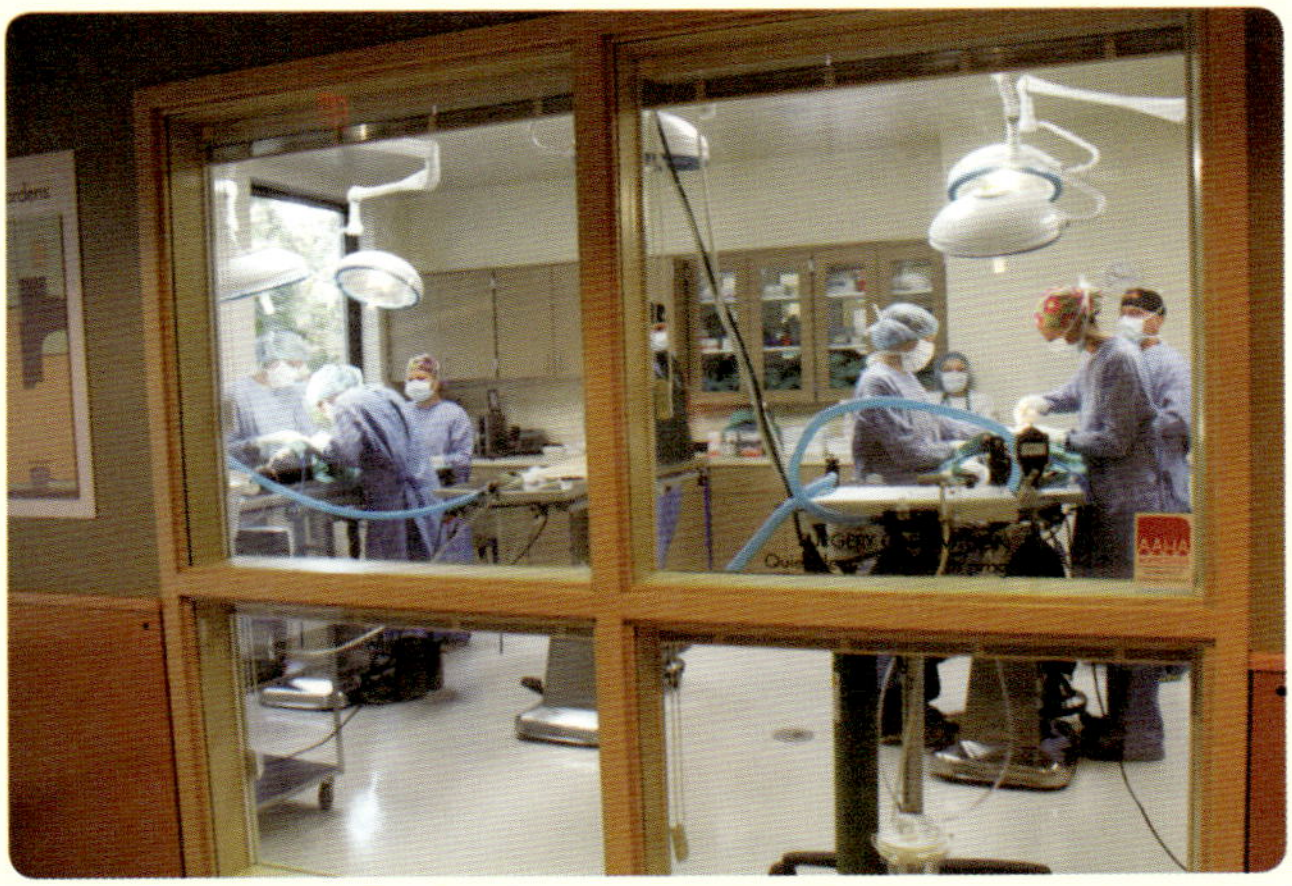

手術室はガラス張りに。ここでは獣医の卵の実習制度があります。シェルターにとっては経費削減になり、実習生は現場で経験を積むことができて一石二鳥。「健康な動物を治療が必要な状態にして練習する動物実験」の代替法にも。

動物法を一緒に学ぶクラスメイトと。闘犬として使われることもあるピットブルに関する法や、被災動物保護に関する法制度など、彼らのユニークな研究についての話を聞きながら猫舎を見て回りました。

世界では、犯罪、もっと言えばバイオレンスの根源とも言える動物虐待と向き合う国が増えています。１９９０年代に世界一の犯罪率をキープしていたアメリカ（ＯＥＣＤ調べ）でも、動物虐待の防止を通して、他の犯罪をなくす取り組みがなされています。日本もアメリカも、「犬猫などのペット動物の虐待を禁止」しているのは同じなのですが、違うのはその法律がちゃんと適用されているかということ。

真剣に動物虐待をなくそうと奮闘する、オレゴン州の私設シェルターを訪ねて、その取り組みを追いました。本来は、地方政府の仕事ではありますが、実質は、警察の動物虐待担当者とアニマルシェルターの調査団の共同作業です。ここでの、**動物虐待に取り組む包括的なシステム**に圧倒されました。

動物虐待をなくす「8つのプロセス」

アメリカ留学時代、動物法の授業で訪れたのは「オレゴンヒューメインソサイエティ」(Oregon Humane Society)。この団体は民間ですが、オレゴンで動物虐待問題に熱心に取り組んできていて、行政から調整の権限を与えられているスタッフ＝ヒューメインオフィサーがいるのです。

州や地域によって名称は異なりますが、ヒューメインオフィサーとは、動物虐待の調査員。動物虐待や飼育放棄などを犯罪として取り締まる人たちのことです。**動物虐待をする子どもをなくす活動から、虐待された動物を幸せにするケアまで、**オレゴンのシェルターが行うのは８つのプロセス。さまざまなジャンルの専門家が関わっています。ここまでしなくちゃいけないんですか！　と言いたくなるほど緻密なシステムを知りました。

動物虐待を防止し、早期解決するためにあるのが最初の３つのプロセスです。

１つ目はまず、**「ヒューメインエデュケーション」**（Humane Education＝直訳すると人道教育）。道徳の授業に似たものですが、サマーキャンプに参加した子どもたちは、実際にアニマルシェルターにいる保護動物の世話をして動物の扱い方を学び、ヒューメインオフィサーなど専門家の話を聞いてディスカッションをします。関係者によると、ヒューメインエデュケーションによって、動物を大切にできるような社会が成り立ち、その土壌が、あらゆる暴力をなくしていくというものです。

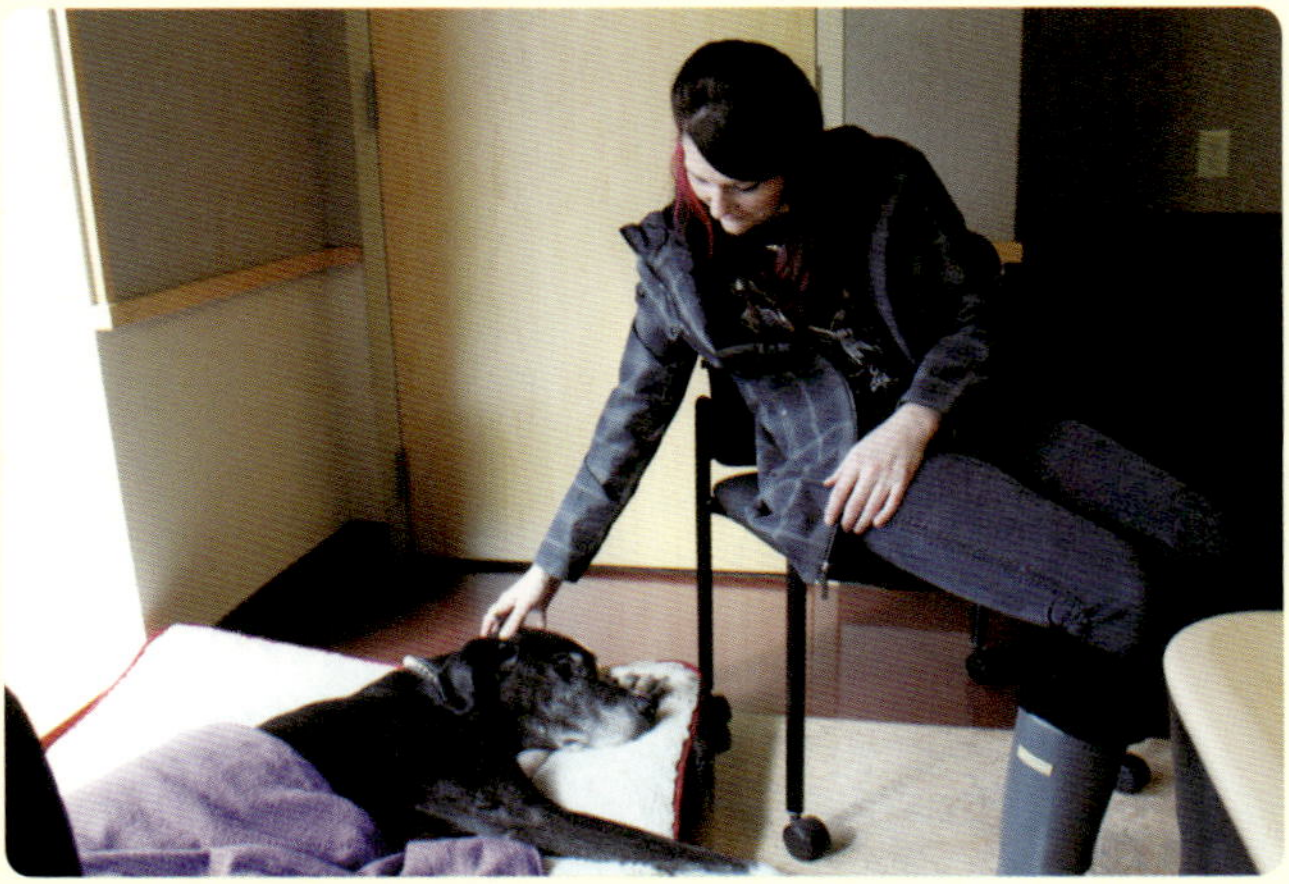

ここのスタッフは、自分の動物を職場に連れてくることができます。私たちが、ヒューメインオフィサーが解決してきた動物虐待事件の話を聞いている間、横では彼女の愛犬がソファでうとうと……。

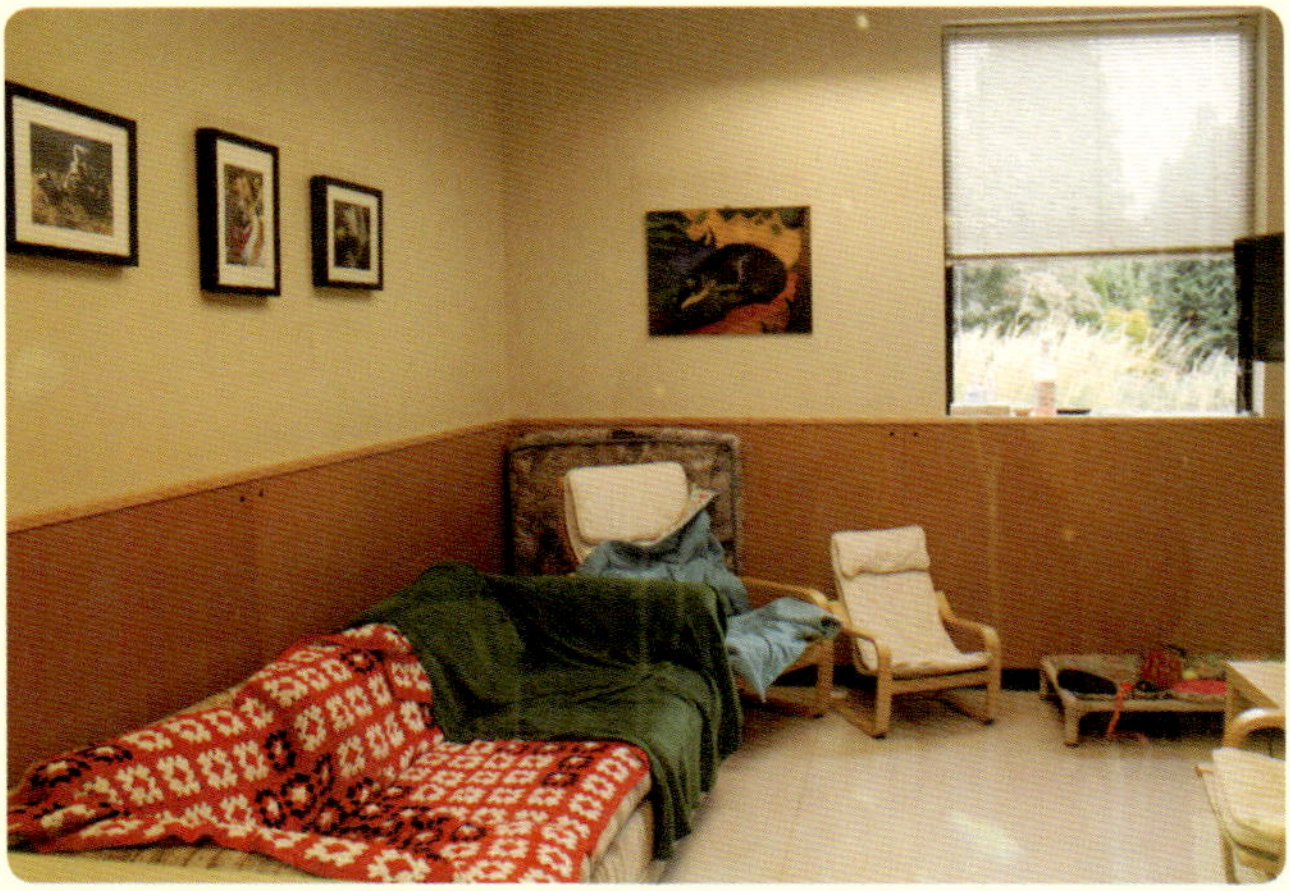

譲渡の際、環境の変化に対応しやすいように、一般家庭を再現した部屋で練習をするのです。特殊ガラスが使われ、部屋の中の動物からは窓越しの人間側が見えないようになっていて、スタッフは動物に気づかれずに、いたずらをしないかチェックしています。

子猫や子犬と遊べるふれあいルームで。好奇心旺盛でエンターテインメント性に満ちた動物たちを前にすると、私たちも視察の立場を一瞬忘れ、ついついはしゃいでしまいます。

クラスメイトに甘える猫。人とのやさしいふれあいを増やせば増やすだけ、動物は人に心を開き、譲渡も容易になります。

2つ目は、**「獣医師の目」**。児童虐待の場合、学校の保健室の先生や病院の先生の通報が、重要とのこと。被害を訴えられない子どもや動物の痛みに唯一気づくことができるのが、医療に携わる専門家というケースが多いのです。

たとえば、ヒューメインオフィサーによると、こんな例が。治療した猫の不自然な火傷に気づいた獣医師が、この傷は何？と飼い主に質問。ベランダで日向ぼっこをしていたときに火傷したのだろうと話す飼い主に対して、明らかに直接火にかけたような傷痕だと判断した獣医師の通報により、動物虐待の捜査が始まりました。逆に、獣医師がそうした不自然な傷を見過ごしてしまえば、虐待が続くことを意味するのです。

そして3つ目のプロセスは、**「市民の通報から始まる虐待チェック」**。シェルターには、毎日動物関連の問い合わせや通報の電話がかかってくるので、ヒューメインオフィサーは、緊急性が高いものから優先して実際に訪問し、動物の状態を見て飼い主と話します。「散歩には毎日行くようにしてね」「やせているけど、ごはんは毎日どれくらいあげているの？」という具合に、ていねいにアドバイス、または注意します。近所の人たちの通報で、**「誰かが見ている」という意識を高めさせて、飼育放棄を防ぎます。**

４つ目は、**「虐待現場への立ち入り調査」**。虐待の疑いが非常に高い場合、ヒューメインオフィサーは警察とともに現場に立ち入り、動物虐待の程度によって動物を保護し、飼い主は摘発します。一日じゅう外の鎖につながれたまま糞尿まみれ、水やごはんもろくに与えられずひん死状態の犬を保護したときは**「もっと早く見つけてあげたかった」**と、34歳（２０１３年当時）のヒューメインオフィサー、オースティンさんが言います。彼の活動経費はすべてチャリティーでまかなわれているというから、日本で同様の体制を整えるには先が長いなぁと感じます。

５つ目は、**「診断、治療」**。動物を救助したらまずエックス線を撮り、健康状態を徹底調査。たとえば「数カ月前に意図的に骨が折られている」といった診断も、虐待の証拠になります。健康状態が悪い場合はシェルターで治療をします。**飼い主が有罪となれば、その動物はいったんシェルターの犬となり、**新しい、より適切なケアをしてくれる家族のもとに行くこともあります。

これまで見てきたシェルターの多くでは、医療関係の部屋は１つか２つ。しかしここでは、６部屋ほどある動物病院が併設されており、レベルの高い医療設備も。獣医師学校の

寄付金によって建てられているサンフランシスコシェルターの、犬猫が保護されている建物。このエリアには同団体のオフィスや教育施設などがたくさんあって、この建物を探すのが大変でした。

受付ロビーとスタッフの作業場の向こうに犬舎が見えます。右の女性スタッフの膝には、譲渡先募集中の小型犬がちょこんと。

幼齢犬は、菌などの健康面でデリケートなため、まだ散歩させることができません。その代わりに、ボランティアの人がビニール服着用のうえで抱っこし、見つめ合い、たっぷりと愛情を注いでいきます。

おやつをねだる小型犬。犬猫の部屋にはイスやソファが置いてあり、スタッフや譲渡候補者が動物とリラックスして過ごせる環境が整っています。

研修医が、プロの獣医師の指導のもと、治療に当たっています。

動物の肉体的精神的リハビリも大事

アメリカでは、州によって差はありますが、ほとんどの州が**厳然たる犯罪として動物虐待に対処しています。**前述のように、オレゴン州でも飼育放棄や動物虐待を「犯罪」として扱い、見逃しません。

6つ目は、**「裁判」**です。オレゴンで犬の飼育放棄の裁判を傍聴した際、オレゴンヒューメインソサイエティのヒューメインオフィサーによる立ち入り状況の証言を聞くことができました。犬を救出したときの悲惨な状況の写真（糞尿まみれで、水入れが乾ききっている）や、獣医師の診断などを証拠に、飼い主が不適切な飼育を行っていたことを述べていきます。アメリカで強姦事件の傍聴もしたことがありますが、動物虐待事件もまったく同じように粛々と行われ、審議は緊張感にあふれています。後日の判決で、散歩に連れていくことも、**水やごはんを十分に与えることもしなかった家族は、飼育放棄の罪で罰せられる**ことになりました。

さあ、ここから残る2つのプロセスは、アニマルシェルターだからこそできること。犯人を逮捕して終わり、ではなく、**「被害にあった動物のケア」**が7つ目です。保護した動物を人間の生活に慣らし、人への恐怖心を取り除いたあとに、新しい家族を見つけてあげるのです。ここオレゴンシェルターでは、一風変わった部屋がそのお手伝いをします。

保護された一部の動物は、虐待の末に人を恐れていたり、飼育放棄でしつけがなされていなかったり……**新しい家族に出会うまでにリハビリが必要です。**

治療が終わった犬猫の中でも、特に人に慣れていない子もいます。見学の際に出会ったラブラドールレトリーバーもそんな犬でした。人がまだちょっと怖そう。その子は、スタッフが働く部屋で一日の大半をただ一緒に過ごし、少しずつ人に慣れていく中で、いろんな訓練をしていくのです。ラブラドールが唯一気を許しているスタッフが、イスに上って、下りて、と指示。しっかりそれに従い、ほめられて嬉しそう。

そして室内飼いに慣らす特訓。ソファやテレビが置かれ**一般的な家庭の部屋を再現した4畳ほどの部屋**では、留守番がうまくできるかチェックできます。それも、刑事ドラマの尋問シーンで見るような、ガラス越しの隣の部屋から見るのです。ここまでしっかりやるアメリカのシェルター、すばらしい。

宇宙をイメージした猫の部屋。他にも、エジプトをイメージした部屋などもあり、ピラミッドの中で猫が寝ていたり……。

猫の部屋はどれも遊び心いっぱいのインテリア。見て回るだけでも楽しいので、訪れる人がまた来たいと思ってくれるのです。

シェルターの出入口付近の猫舎は、子猫のプレイルーム。子猫同士のやりとりを見ているといつまでもその場を離れられません……。

8つ目は、**「出会いの場」**。里親候補の方々に紹介できるほど人に慣れてしつけも終わったら、ありとあらゆる工夫を凝らして出会いの場を提供します。

まず、子犬や子猫とのじゃれあいルーム。この部屋では、6畳ほどのスペースの地べたに座りながら、遊び道具を使って子犬や子猫と思いっきり遊ぶことができます。動き回るグレーの子猫たちに、私たち見学者はメロメロ。

20畳ほどの広い部屋では、しつけ教室が開かれます。犬との快適な暮らしは、愛犬との信頼関係を築くことが鍵。そうした関係を築く大切な場です。

猫舎には見る人を楽しませる趣向がこらされています。雲の上をイメージしてつくられた部屋では、天上から下がった空中ブランコに猫が数匹寝ていて、「なんてかわいいの！」と訪問者が歓声を上げています。労力をかけるところが違うのでは？　とつっこみを入れたい気持ちにすらなる、気合の入った部屋の装飾はわくわくします。

また、アメリカで広がりつつあるシェルターの試みに、**「子猫ちゃんカメラ」**（Kitty Cam）があります。子猫が数匹入った部屋のガラスに「あなたも子猫ちゃんカメラに写っていますよ！」というステッカーが貼ってあり、何のことかとスタッフに聞くと、子犬や子猫の部屋にはビデオが設置され、動く姿がインターネットで配信されているとのこと。

シェルターに来る前に、お気に入りを見つけられるこのサービスが、譲渡数を上げるために役立っているのだとか。

飼い主へのアドバイス、逮捕から、動物のケアまで、包括的に動物と人の暮らしをサポートするアニマルシェルターの努力に、頭が下がります。

さて、犬猫問題に取り組むこのシェルターの次は、ペット動物に限らず、家畜を保護する施設を訪ねていきます。

日本と肉食、そして現代の畜産とは

スーパーに並ぶ豚バラ肉。カフェラテに入っている牛乳、カレーに入っているチキンエキスなどなど。これらの**動物性食品が「食品」になる前、まだ「生き物」だったときにどういった扱いを受けているか**を知る人はどれぐらいいるでしょうか。

「命に感謝、大切に」と言いながら、目の前のお肉になった豚がどのように育てられて殺されたのか、想像する日本人は少ない。知ったら少なからず食べる気が失せるかもしれないし、無関心でも生きていけるから知らずにいたい気持ちもよくわかります。

アニマルサンクチュアリの玄関。左に見える看板に書かれているキャッチコピーは「ここの豚は豚らしくいられる」。

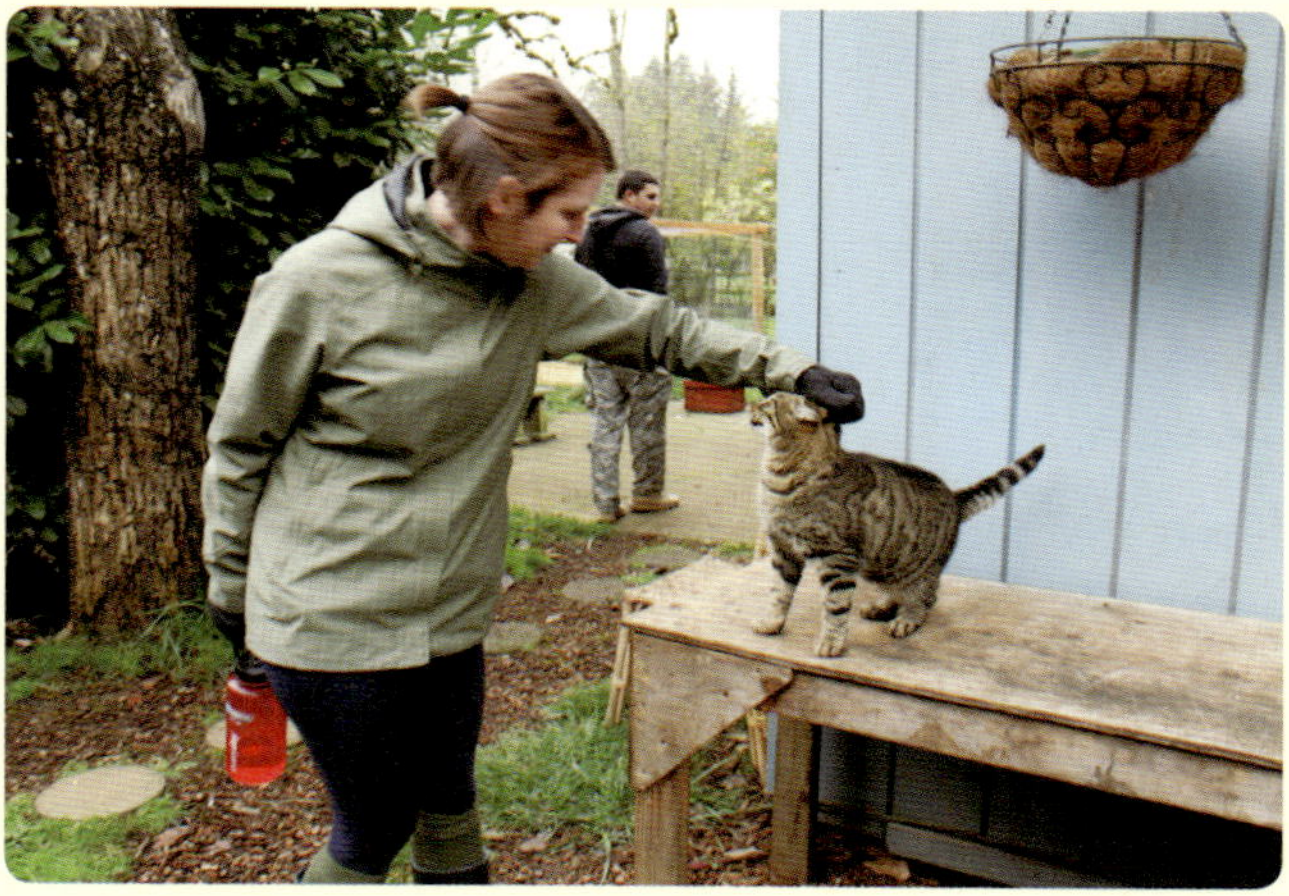

お迎えしてくれる猫。サンクチュアリを整備しに来たボランティアには、半野生だけど人馴れしている動物たちがごあいさつに。敷地は広く、どこでどんな動物と出会えるかわからないという楽しみが。

サンクチュアリで保護されている、大きな豚。食用にされる畜産動物は、短期間で急成長するよう品種改良されていることが多い。そのため、ここにいる畜産動物も、体に負担をかけつつ、大きく育ち続けていきます。

けれども、家畜だった豚やニワトリを保護している場所で、動物を世話してめいっぱい笑って過ごすと、「生産方法なんてふだんは見えないから無関心でいいや」とは言えない気持ちになります。消費者として、できることはあるのだから。そんなことを気づかせてくれたシェルターがあります。

そのレポートに入る前にまずは、日本の肉食の現状について把握してみましょう。

日本人に愛される豚肉。では、**日本で肉食はどのように発展し、また、現在、豚はどういった扱いを受けているのでしょうか。**

日本では、仏教の思想を受けて675年に肉食禁止令が出て以来、肉食をタブーとする社会的な風習が1200年続いたと言われています。しかし明治に入って鎖国が解かれると、その状況は一変。明治政府は近代化推進政策のひとつとして肉食導入を進めました。

1960年代に入ると、国策として畜産の合理化を推進。無関税で飼料作物の輸入を可能にした結果、その後40年間で豚の飼養頭数は約5倍にも。

食肉の需給量も急速に増加し、牛肉においては、食料需給が1960年から2002年で約9倍、豚肉は約14倍、鶏肉は約8倍にまでなったとのことです。

こうして大規模に産業化した畜産業は、効率化、合理化の一途をたどります。先進諸国で進む**畜産の工場化によって「物」として扱われる家畜の始まりです。**

私は、4人で3500頭の豚を世話している日本の養豚場を訪ね、次に書いていくことが今、一般的であることを知ります。

妊娠した雌豚が約120日間を過ごすのは、**体の向きを変えることもできないほど狭い妊娠豚用ストール。子豚が離乳したら引き離され、また妊娠。**年に数回、この妊娠と授乳がくり返されます。ちなみに、アメリカや日本では一般的なこの妊娠豚用ストールは、EU各国では法律で禁止されています。

一方、**子豚は麻酔なしで尻尾と歯を切断される。**自然と異なる集約型畜産の環境下では、自由に草のにおいを嗅いで遊ぶなどの本能行動を制約するため、豚はストレスを溜めて仲間の尻尾を食いちぎることがあります。しかし、わらを敷くのは経済的に非効率であるため、経費削減のため、尻尾を切断し、歯を削ります。

農家1戸に豚1~20頭で、家族同然に大事に育てる。そうした、1960年代の畜産はすっかり形を変え、今の一般的な日本の畜産は集約型畜産なのです。

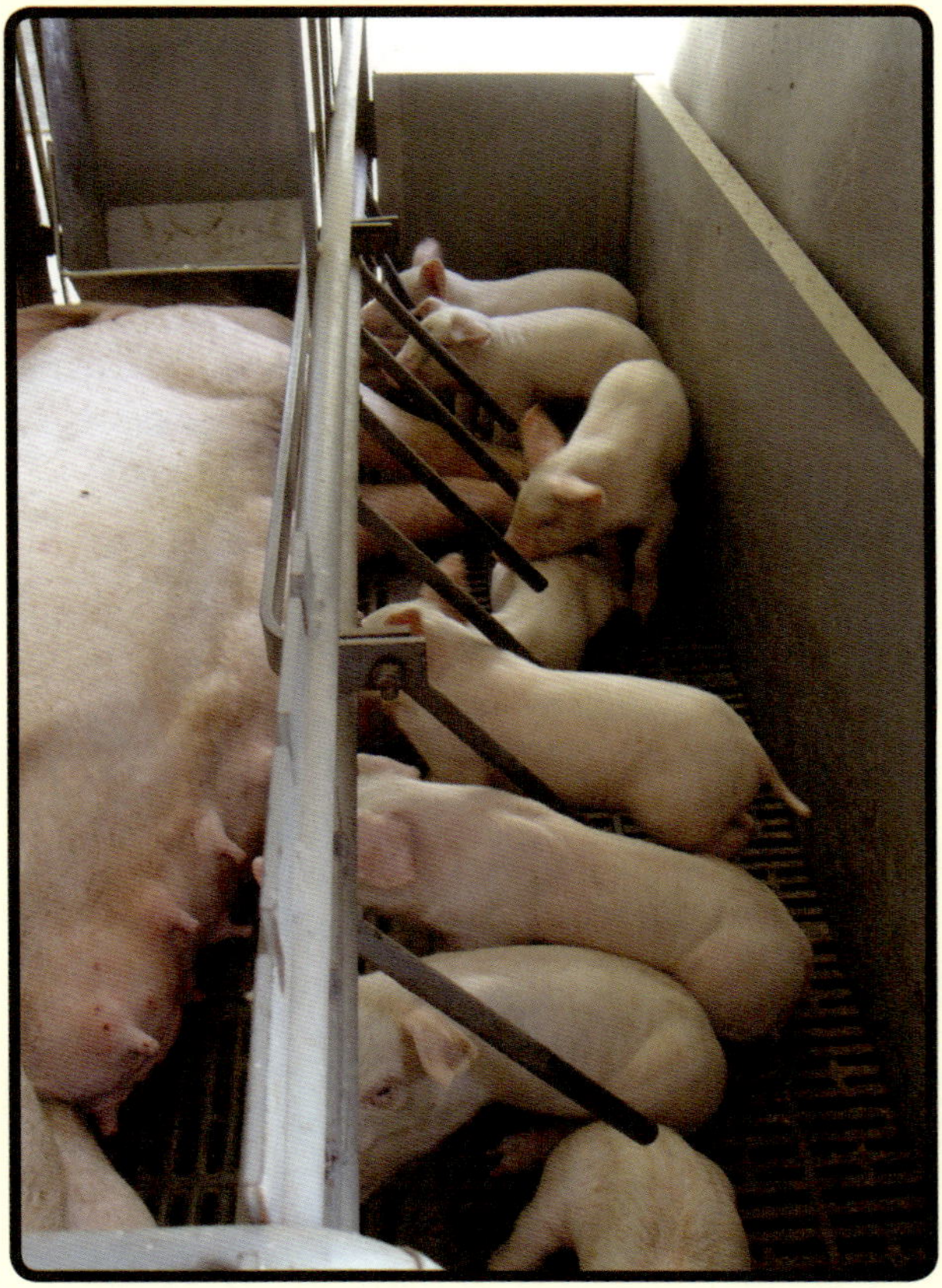

これは日本の養豚場です。出産をした母豚は、子豚を踏みつぶさないよう妊娠豚用ストールに入れられ、子豚は柵の合間から乳を飲むのです。

サンクチュアリの豚は、広い敷地を走り回っています。人が大好きな豚は、手伝う手順を真剣に聞くボランティアの前に出てきて、笑いを誘います。

ヤギの部屋のお掃除ボランティア。古くなったわらを新しいものと交換。キレイになった瞬間、豚やロバが我が物顔でやって来て、十分遊んだら去っていきます。

「豚が豚らしくいられる場所」動物にも尊厳を

アメリカで訪ねたシェルターでは、集約型畜産の閉鎖などにより行き場をなくした元家畜が保護され、本能的な行動が制約されない環境でのびのびと暮らす動物と会うことができました。

2012年、クラスメイトの誘いで、ボランティアとして「ファームサンクチュアリ」と呼ばれるところへ。到着すると、**「豚が豚らしくいられる場所」**と、絵付きのかわいい看板がかけられています。それはどういうことなのでしょう。

「馬も豚も犬も、人間と同じように命があれば痛みや喜びも感じる。ならば同じように配慮して、一生のびのび過ごさせよう」という理念から始まったこの場所には、馬、ロバ、アルパカ、ヤギ、豚やニワトリなど、ありとあらゆる動物が自由に走り回って過ごしていました。

動物に関する法律をテーマとして日本と海外を比較していると、ある違いに気づきます。**動物保護の重要性を説くとき、日本は「命」を尊ぶのに対し、欧米では「生きている**

ときの生活の質」を重視します。極端な話、絶対に治らない病気にかかっていてとても苦しんでいる動物がいるとしたら、欧米では、その動物は安楽死するほうがいい、という考えにもつながります。

えっ安楽死!? それだけで、日本人には受け入れ難い、過激で危険な行為に思えるかもしれません。しかし、生きているときの生活の質を少しでもよくしようという考えは、日本人に理解できる部分も多いのでは、と思います。その、異なる着眼点の背景には、宗教や文化の違いが関連していると言われます。

キリスト教文化を持つ欧米において、動物は管理対象となる存在。基本的には、神が人に自然や動物を与えたのだから、人は動物を利用してもよいけれど、人道的に利用しよう、というのが近年の欧米のスタンスであると考えられます。

対して日本が起源を持つのは神道や仏教。自然や動物は、人にとって畏怖する存在でこそあれ、管理すべき存在ではありませんでした。その代わり、関わるときはうまく調和するよう、ある程度距離を保つことで共生してきたのかもしれません。現在は、多くの人の目には触れないだけで、あらゆる業界が直接的に動物を管理、利用するようになり、動物福祉の面において弊害が生じてきているのが現状です。

ボランティアの人は、作業が終わったら保護動物とのふれあいタイムに。持ってきた野菜や果物を与える人もいます。

一緒にボランティアした人と保護猫。動物たちが悠々自適に過ごすこのサンクチュアリの動物は、自分のタイミングで、ふれあいたい人とだけ楽しい時間を過ごせるのです。

ライトハウスファームサンクチュアリに入ってすぐ、目の前に広がる芝生エリア。いろいろな種類のニワトリが出迎えてくれます。

おっとりしたロバとふれあいました。変顔ばかりするロバにこのあと、近づくなと怒られてしまいました！　ロバも、人や犬と同じように個性があることがわかります。食べ物の好みも、個体によって違うらしいのです。

おとなしい豚に殴る蹴るを行っている人がいたとします。その豚が最終的に命を奪われる家畜であったとしても、その光景を見ていい気分がしない人がほとんどでしょう。それは、**感情もある動物が痛みやストレスを味わうことに対する嫌悪感**なはず。

そうした動物の「情動の能力」を尊重し、さまざまな苦しみを取り除く努力をする。さらに動物個々の習性を発揮できる環境を提供しよう、というのが、現在世界で広まっている動物福祉の考え方です。まさに、**豚が豚らしく生きられる環境**を提供する、ということです。

実際、ファームサンクチュアリにいる豚は、見ていると笑顔がこぼれてきます。犬より頭がいいと言われる豚は、好奇心旺盛でキレイ好き。ボランティア活動の一環で飲み水を入れるバケツを洗っていると、その瞬間を待ち望んでいたかのように顔をバケツに突っ込んできます。

日中は、サッカー場ほどの広さの屋外スペースのどこを歩いても草をいつ食べてもいい。その中で仲間と転げ回る。夕方になると、初めて会う私の声ですら誘導の指示をきちんと聞いて、テニスコートほどの豚舎に入ってくれます。気づくと私の後ろの手に持ったニンジンを狙っていたりと、突飛な行動でボランティアを笑わせる豚たちですが、頭の良さが随所で伝わってきます。そして何より驚くのは、**みんな、笑っているのです！**

肉を穀物へ変えれば飢餓に苦しむ人を救える

畜産について考えるとき、動物性食品の消費の問題がついて回ります。肉食を減らすか、どれくらいの頻度で食べるのか、などひとりひとりが自由に選択できます。

動物性食品を食べないという選択をするベジタリアンは、植物の命のほうを軽視しているのでは、と言われることがあります。しかし、**動物性食品の消費を減らすことは、結果的に植物性食品の大量消費を見直すことにもつながります。**

たとえば、肉たんぱく食品の生成には、大豆たんぱく食品の生成の6～17倍の土地を必要とします。また、世界じゅうで8億を超える人が飢餓状態にあると言われていますが、**世界で生産されている穀物の半分は、肉の生産に使われている。**その肉の生産に使われる穀物を人が直接食することによって、新たに35億人を養うことが可能であるというデータもあります。

つまり、肉を必要以上に摂らず、植物性食品に移していくということは、大きな視点で考えれば、動物はもとより、植物、そして人間の命を救うことにつながるわけです。

大量消費によって畜産が今の形になっているのだから、私たちが手軽にできることはいくらでもあります。たとえば週に1度、**炒め物に入れるお肉を厚揚げに変えてみる、牛乳を豆乳にしてみる、**といった、個人のわずかな行動の変化で、巡り巡って家畜の扱いが変わることにつながっていく。小さな小さなことも、世界で積み上がっていけば十分大きな変化になるのです。

他国と比べ、伝統や歴史よりも新しいものを歓迎し、変化をすんなり受け入れるアメリカの2つのシェルターを訪ね、ペットのみならず、家畜や使役動物に配慮することは、いい社会を目指すために必要なのだと確信しました。

CHAPTER
2

イギリス

United Kingdom

動物愛護先進国の
明るい施設で

犬猫を「買う」ではなく、アニマルシェルターという選択

犬と暮らしたい、と思いついたら、みなさんはどこに行きますか。
ペットショップのショーケースにいる犬に会いに行く、ネットでブリーダーから直接買えないかチェックしてみる、知り合いの家で生まれた犬をもらえないか聞いてみる……。いろいろあると思いますが、**動物愛護センターで保護されている動物を家族として迎え入れるという方法**を、ご存じでしょうか。

私は高校2年のときにイギリスのアニマルシェルターで1週間の職場体験をするまで、ペットショップで動物を買うことが「ふつう」だと思っていましたし、アニマルシェルターの犬猫に会ってみるという選択肢があることなどまったく知りませんでした。いいえ、少し調べれば知ることもできたし、うすうす感づいてはいたのに考えようとしなかったと言ったほうがいいでしょう。

そして、職場体験以降、いつも考えていることがあります。それは、最終的にどんな方法で犬猫と出会うとしても、**まず、多くの人に、近くのアニマルシェルターを訪ねて犬猫**

たちを見てほしいということ。実際行ってみると、アニマルシェルターは動物の笑顔であふれている。そこでみなさんに、あなたを待つ動物たちと運命的な出会いをしてほしいのです。

イギリスのアニマルシェルターとの出会いは、私のそれまでの「普通」を180度変え、私の目指す生きる道をも変えました。しかしよく考えたら、それまで海外で住むことが多かった私には、気づきへの伏線はあったように思います。

小学5年生のときに暮らし始めたチェコでは、犬を飼えることになり家族でペットショップに。しかしそこには魚や鳥がいたのに、犬猫の姿がない。(子犬がいないの？　つまんないな……)。日本のペットショップで子犬を眺めるのが好きだった私は、チェコのペットショップは物足りなかった。結局、我が家に受け入れることになった「あくび」はプラハ郊外のブリーダーさんから直接譲り受けました。そしてその頃から、ペットショップの小さなケージに、まだ幼い子犬や子猫が一日じゅう入れられている光景が、世界の一部の国では普通ではないことに気づき始めていた。日本とチェコは違うんだなぁ、と、ぼんやりと……。

２度目の気づきは、親の仕事の都合で住んでいたイギリスの田舎町で、愛犬あくびと散歩していたとき。犬を連れて散歩していると、どの国でも共通してはずむのは、飼い主同士の会話。

「天気がいいですね〜」というイギリススタンダードなあいさつのあとは、なんていうお名前？　何歳？　と質問し合います。しかし、レース地のショールをまとった上品なおばあさんの答えにびっくりしました。ジャックラッセルテリアとホワイトテリアのミックス犬らしい飼い犬が何歳なのか聞いたところ……。

「わからないの」。**自分の犬の年齢がわからない？……**。しっかりしていそうなのにこのおばあさん……と思ったのもつかの間、それは近所のアニマルシェルターからもらったからよ、と教えてくれました。

「捨てられてシェルターに来たときの推定年齢が３歳だから、今は７歳くらいかしら。最初の名前もわからないけど、私はラッキーと呼んでいるの。この子との出会いはラッキー以外の何ものでもないから」

アニマルシェルターとはどういうところなのか。どこにあってどんな動物がいて、スタッフの方々はどんな思いで働いているのか。日本ではどうなのか。そのときはそれをまったく知らず、深く考えることもありませんでした。ただ、ゆっくり歩くおばあさんと、嬉しそうに尻尾を振る小型犬の姿を、微笑ましく見ているだけでした。

そのあとそのシェルターを訪ね、深く長い縁ができるとは想像もせずに。

ガス室で犬が殺されているってテレビで……

その2年後、私は思わぬところでアニマルシェルターという言葉をまた耳にし、今度はそこで1週間働かせてもらうことになります。そして、おそるおそる踏み込んだその場所は、新たな発見の連続でした。

私が通っていたイギリスの高校には、進路を決める前に職場体験を1週間するという制度がありました。アンケート用紙に、興味がある業種は何かという問いがあったので、深く考えずに「動物関連であればなんでもいい！」と書いた動物好きの私。それが今の活動のすべてのきっかけ……というか、動物法学者としてのいばらの道につながっていくことになるのです。

数カ月後、キャリアセンターの先生が私のために見つけてくれた職場先は、「Cheltenham Animal Shelter」（チェルトナムのアニマルシェルター）。イギリス、コッツウォルズ地方のチェルトナムという町にその場所はあります。そこは、完全に寄付や動物の譲渡料で成り立っているとか。さすが、チャリティー文化が根付いたイギリス。

行ったこともないその場所のイメージをつかもうとジーニアス英和辞書を引いて目に入ってきたのは「（迷い犬・猫などの）動物保健所」という和訳。背中がひんやりしてきます。

（保健所と言えば、増え過ぎた犬を殺しているところでは？　前に横浜に住んでたとき、ガス室で犬が殺されているってテレビの特集でやってたような気がする……ガス室って前に行ったことがあるアウシュビッツのナチスのホロコーストみたいな？……私はそこに1週間通うの⁉）混乱しながら、通知書を手に心の中で叫びます。

（そんなところに17歳を行かせるとは、なんて学校なの！）。私が死にゆく犬猫を目にしたトラウマで、大好きな犬を飼えなくなったらどう責任とってくれるんだろう。イギリスには珍しくカラッと晴れた6月、そんなことを考えながら40分歩いて向かったアニマルシェルター。職場体験先はかなり忙しいらしく、前もって情報をもらっていなかったこともあり、(血が付いた服を着ながら果たして食べ物が喉を通るかなあ⁉)……などと、勝手な悪いイメージを持ちながら。

朝、指定の時間に建物に近づいていくと、聞こえてくる犬の吠える声にひるみます。でも、ここまで来たら、何もかも受け入れよう。それが大人になるということかもしれない、と決心し足を踏み入れました。

シェルターってこんなに明るいところなの⁉

そして……シェルターに対する私の予想はことごとく外れていました。

まず意表を突かれたのは、スタッフがみんなニコニコしていること。それから、敷地内のどこを歩いても明るく清潔なことです。近所の人たちが、ゆっくりと、太陽の降り注ぐ部屋の前を歩いています。わくわくした気持ちを抑えているかのよう。視線の先には、尻尾を振りながらガラスに鼻を押しつけている犬。

犬の部屋は、暖房を完備した室内と、日光が電気代わりとなった屋根付きの野外が半分ずつに分かれていて、行き来は自由。シャイな犬や人が少し怖い犬は、室内からこちらをちらちらとのぞいている。向き合うようにずらーっと並ぶ犬用の個室の間には、上品に咲いた赤と黄色の花。

犬用の個室ゾーンを抜けてさらに進むと、テニスコートほどの広さのケージの中では、黒いラブラドールが「おすわり、待て」とトレーニングを受けています。「よーしっ、今日は調子がいいわね、いい子いい子！」という明るい声を背にまっすぐ進むと、絵本に出てきそうなかわいいイメージの広場が現れる。芝生や低い木や小さい丘が広がっているそこでは、互いに一定距離を置いてリード付きの犬が散歩を楽しんでいます。

人と動物の笑顔でいっぱいなその場所にいると幸せな気分に。でも、頭は混乱している。「ここはいったいどこ⁉」。そこは、キレイで明るいけど、まぎれもない、イギリスの「保健所」なのです。

私の予想を打ち砕いたのは、施設の清潔感や明るさだけではありません。**その動物の種類の多さにも驚きました**。それまで私は、保健所に殺処分のイメージを強く抱いていたあまりに、そこには犬しかいないと思っていました。実際、8章でも触れますが、従来の日本の保健所は犬を短時間保管するためのものでした。しかし、場所はイギリス。訪ねた2006年の時点で、文字通り動物全般を保護していました。

ここにいる動物のフレンドリーさも驚きでした。

訪問前に持っていた、保健所の閉ざされたイメージから「怖い犬たち」がいると思っていました。それも、保健所を恐れて足を踏み入れなかった理由です。檻に向かって飛びかかってきて歯をむき出しにしてうなり続ける元・野犬でいっぱい……。この予想が見事に裏切られるのです。

捨てられたり虐待されたりしてシェルターにたどり着いた動物は、人を嫌いになってもおかしくないのに、やさしく声をかけて散歩をすると笑顔をいっぱい向けてくれる。

そして、動物と人との出会いの機会を与えるのは当たり前であるかのように、施設の玄関と、譲渡犬シェルターの入口に「OPEN DAY」というかわいい看板がかかっています。ん？　今日は特別なのかな、と思っていたら、1週間毎日その看板はかけられていました。つまり、毎日！　ということ。人と動物の出会いの場は常にあるのです。

ドッグウォーキングエリアには、紙のうんちバッグやゴミ箱も設置されていて、快適に散歩できます。保護犬同士のトラブルを防ぐため、他の人と犬が散歩している場合は、ある程度の距離を保って歩きます。

チャリティーショップが、シェルターに併設されています。右手の建物は動物病院で、ここの手術室で去勢手術や歯の治療の見学をさせてもらいました。手術が始まると、獣医さんのその手際の良さにただただ圧倒され、凝視していました。

写真ー Caroline Evans

右に並んだ犬舎の奥には、お散歩コースの出入口が。

小動物のセクションには、ウサギやモルモットなどがいます。私が訪問した際は、マウスがたくさん保護されていました。

ウサギにネズミ、小動物だってケアが必要

さあいよいよ緊張する職場体験の初日、最初の任務は「小動物のお世話」です。緑のTシャツがさわやかな20代の男性スタッフに連れられて入ったのは、小動物のケージが敷き詰められた部屋。彼は当たり前のように「餌と水を交換してあげてね」と笑顔で言いますが、保護動物は犬だけだと思っていた私はどぎまぎ。ウサギは触ったことがあるけどチンチラは初めて見ます。かわいいけれど大きいネズミに見える……。そして、小さい白ネズミが、ケージの中で勢いよく動き回ること！　その中に手を入れるなんて恐怖以外の何ものでもない……。

そんな私を見かねて、スタッフがおもむろにケージから古い餌と水を取り出し、新しいものをさっと入れた。す、素早い。怖い。けど、最初の仕事でめげていてはだめだ。ウサギのケージから始めるとだんだん慣れていく。とはいえ、おどおどした手つきはネズミにも伝わるようで、逃げられそうになり、その小さくやわらかい体に初めて触れ、これは目が赤いだけのハムスターだと言い聞かせながら無事任務完了。先が思いやられます。

ところで、**日本には犬猫以外の動物を保護する施設の数があまりにも少ない。**民間の動

物保護施設は数えるほどしかなく、行政の保護センターも犬猫しか保護していないのが一般的。傷ついたり迷子になる動物は、犬猫以外にもいるはずなのに……。

ネズミにびくびくしながら小動物のケージのお掃除を終えると、次は譲渡対象の犬の個室の掃除。動物園等でもよく見かける光景です。まず、動物を室内に誘導してドアを閉め、外をホースの水でキレイにしていく。水飲みトレイもキレイにして新しい水を。床が乾いたら、室内と外を隔てるドアを上げて、犬が自由に行き来できるように戻します。

その際、犬たちの賢いこと、おとなしいこと！　室内から呼ぶスタッフの声にきちんと応えて軽快に、スムーズに室内ケージに入っていきます。人が大好きだと全身で表現するようすは、私の愛犬あくびとなんら変わらない。すきあらば、ケージ際に立つ私に飛びつこうとさえします。

午後になると、外に出るのを心待ちにしている犬のお散歩です。最初に歩いたのは、黒に白いネクタイをしたような模様のフレンチブルドッグ。それから1週間、毎日この犬と縁を感じながら歩きました。

家族から捨てられたストレスでこれ以上足の付け根を噛まないようにと、首の周りに透明のプラスチックのカラー（通称・エリザベスカラー）を付けられています。それにまだ慣れないようで、茂みの中でカラーが枝に引っかかってじたばたしているようすは、まるで、クマのプーさんがハチミツを取ろうとして頭が穴に引っかかったよう。笑いをこらえながら救出しました。

小枝を大量に身につけながらも笑顔を見せるこの子なら、きっと新しい素敵な家族が見つかって大事にしてもらえるだろうな。そう考えて顔が緩んでしまいます。早く、未来の家族がこの子を迎えに来てほしい！　**「もう大丈夫だよ、ずっとここにいていいよ」って言ってくれるその人を待って。**

🐾可能性がある限り安楽死はない

２０１２年、**日本国内における犬猫の殺処分数は約16万頭。**それに対し、２０１０年から２０１３年に行われた調査を統合すると、イギリスにおける犬猫の殺処分数は最大で年間４万２０００頭程度と推定されています。このような数の違いの理由はどこにあるのでしょうか。

シェルター内にある休憩室でおにぎりを食べながら、素朴な疑問をスタッフに尋ねました。ケージの前に貼ってある1頭1頭の情報カードを見て、3～4年前からの犬がいることが気になっていたのです。

「ここの動物は、引き取り手が見つからなくても殺処分させられたりしないの？」

すると、少し驚いたように、可能性がある限り安楽死させられることはないよ、と答えてくれました。そこで、日本では約39万頭の犬猫（２００４年では）が毎年殺処分されていると伝えると、その部屋で昼食をとっていたスタッフ全員が声を荒らげて質問攻めにしてきます。

「Whaaaattttt!?!?!?!?（なんだってー!?!?!?!?）そんなにたくさん？　日本は先進国で動物好きも多いんでしょ？　なんで？　健康な犬猫でも!?」

決して私を責めるわけではないものの、衝撃を正直に表した反応に、ハッとしました。

（ほんとだ。なんでだろう。なんで私は今まで、動物が殺処分されることに疑問を持たず仕方ないことと思ってきたんだろう……）。

「うん……健康な犬猫もだと思うよ」と答えながら、日本の殺処分の現状を詳しく知らず、一度もちゃんと調べることをしていなかった自分が恥ずかしくなってきました。

その日の午後は、譲渡対象以外の犬がいるセクションのお手伝いです。このチェルトナムシェルターは、以下のように**セクションが分かれていて、合理的かつ機能的に保護活動が進められるしくみ**になっています。

⑴相性のいい飼い主が見つかればすぐにでも譲渡できる犬のシェルター
⑵子犬シェルター（狂犬病ワクチンを打つなど、譲渡まで少し準備が必要なので）
⑶譲渡が難しい大型犬シェルター
⑷猫シェルター
⑸小動物シェルター
⑹ドッグラン兼しつけスペース
⑺散歩用広場
⑻動物病院セクション

⑼動物グッズ売り場（売り上げは動物の世話代にあてられる）

私がまず行ったのは、子犬シェルター。残念なことに、手伝いではなくただの見学で、担当スタッフ以外はふれあえません。子犬は繊細なのでしかたないこと。けれど、無邪気に兄弟とじゃれあう姿を見ていると、こちらも元気をもらいます。

次に向かったのは、鉄製の厚い門の向こう。一気に重々しい雰囲気に。それもそのはず、ここは「Dangerous dogs」セクションと言われる場所。前述した、⑶譲渡が難しい大型犬シェルターです。慣れたスタッフさんに1頭ずつ散歩に連れ出してもらっている間に、私がそのケージの掃除をして、ごはんと水の交換をします。

実際会ってみると、少しはバウバウと威嚇する犬もいますが、ほとんどがやさしくスタッフを見つめるばかり。**本当に危険な犬や、治る見込みがない病気の犬は、麻酔薬で安楽死という選択をするとのこと。**そうされていないこの犬たちは、若干注意が必要だったり、訪問者に散歩させるまでようすを見る犬。このシェルターでしっかりしつけをしたあと、大型犬を飼い慣れている人にのみ、譲渡対象の犬として紹介するそうです。

「数週間前までここに秋田犬がいて、私は大好きだったのよ〜」と明るく話すスタッフが、散歩を前に興奮する大型犬に手際よくリードを付けてケージから出していく。

イギリスには、闘犬等に使われてきた犬種の飼育を制限する法律があります。危険な犬になるかどうかを左右するのは、しつけの仕方次第。従順で柔軟な犬でも、闘犬の習性を引き出して人に飛びつくようにしつけをされれば危険な犬になり得ます。しかしそうならないように管理できるのも、また人なのです。

危険過ぎると判断されれば安楽死。それを回避して、信頼できる飼い主さんと出会い穏やかに暮らせるか、その分かれ目がこのシェルターにありました。1頭でも多くの命を救うため、ドッグトレーナーの資格を持つスタッフと犬が日々訓練に励んでいるのです。

そこには、責任を持って犬と暮らす、というイギリスの意識の高さが。「闘犬として利用されて傷だらけになるのではなく、たっぷり愛してくれる飼い主さんと出会えたらいいね」と願います。

むやみに殺処分はしない。安楽死だって極力避ける。健康で人との生活が可能な動物は何年でも保護して生かす。その基準を学び、日本のことを調べてみよう。そう心に決めて大型犬ケージをあとにしました。

その後、**「生かすシェルター」の意義深さ**にはまった私は、世界じゅうのシェルターを巡ると同時に、日本のシェルターにも健康で人なつっこい動物がたくさんいることを知ることになります。

日本のアニマルシェルターも、イギリスのそれのように毎日たくさん近所の人たちが訪れる場所になってもらいたい。多くの人がシェルターでかわいい動物と出会えることを知れば、殺処分はぐっと少なくなるはずですから。

イギリスで芽生えたその気持ちは、その後、私の中でどんどん膨らんでいきます。

オープンデーの看板。訪問時から数年経ち、現在ではドッグショーも開催されているそうです。このシェルターでは、ドッグトレーナーの資格を持つスタッフがいつも保護犬のトレーニングをしています。

太陽光が入る両サイドの犬舎と、真ん中にはお知らせの看板が。

写真ー Caroline Evans

CHAPTER
3

ドイツ

Germany

犬が社会の一員と認められ
殺処分機ナシ

動物との付き合い方を社会問題として捉える

ペット天国、犬天国と言われるドイツ。公共機関における犬同伴はごく普通で、犬が社会の一員と認められている感覚になる**この国では、犬猫の殺処分機はありません。**そんなドイツでは、ヨーロッパで最も大きいと言われるベルリンの私営シェルターと、小さな街、アーヘンの地域に根ざしたシェルターを訪ねました。

まじめで厳格、治安も良く、街は清潔。ルールを重んじることなど、ドイツ人は日本人に似ていると言われます。しかし、こと動物の保護問題に関しては、ドイツは日本より圧倒的に進んでいる。それはなぜでしょうか。理由はいろいろあるでしょうが、正面からあらゆる問題と向き合い、みんなで共有して改善を図る、という、ごまかさない姿勢を人々が持っていることが最大のポイントだと思います。

ドイツの友人と、現代人の戦争の捉え方について話していたときのこと。私がドイツを訪ねて最も驚いたのは、第二次世界大戦のモニュメントなどが、首都ベルリンの至るところにあったこと。それも、人々はそれを物珍しそうにではなく、ごく普通のことのように眺める。**かの戦争で自国がやった事実について考えるのが、生活の一部になっている。**

たとえば、大通りの脇に設置された、ユダヤの人の一生を綴った大きなポスター。地元の老夫婦や若い女性が、ナチスの政策で人生を翻弄された人々の説明文をじっくり読んでいると、すぐ横にある噴水で水遊びをしている子どもたちの笑い声が響く。自然と、子どもたちの笑顔を守るために戦争はもう起こすべきではない、という感覚になる。

対照的に、いまだに第二次世界大戦の責任を他国から問われている日本のことを話すと、**「日本は言い訳がうまいよね」と友人から言われました。**うまかったらこんなに批判を受けていないのでは……という疑問はさておき、たしかに日本には、国内の政治でも外交でも、問題をぼかし、察してほしいと願うスタンスが見受けられます。

どの国でも、社会問題を公に論ずればつらい思いをする人もいるし、その国が完璧ではないことが表に出てしまう。それでも、そういう反応や結果を受け止めて、問題と向き合って解決していく。器の大きさ、覚悟のようなものを、ドイツには感じるのです。

そのうえで、動物との付き合い方を、社会問題として捉えられているドイツ。日本で動物問題というと、動物好きな人の問題だとされがちですが、ドイツは違います。たとえ

ティアハイムのシェルターは 2001 年にオープンしました。正面玄関からすでに近代的なイメージが伝わってきます。

標識と地図が必要なほどに、このシェルターは広いのです。

蓮の花がキレイに咲いた犬舎周りの噴水横に家族がくつろぐ。最初、犬が怖かった男の子は、片目の保護犬とふれあううちに、大好きになっていきました。

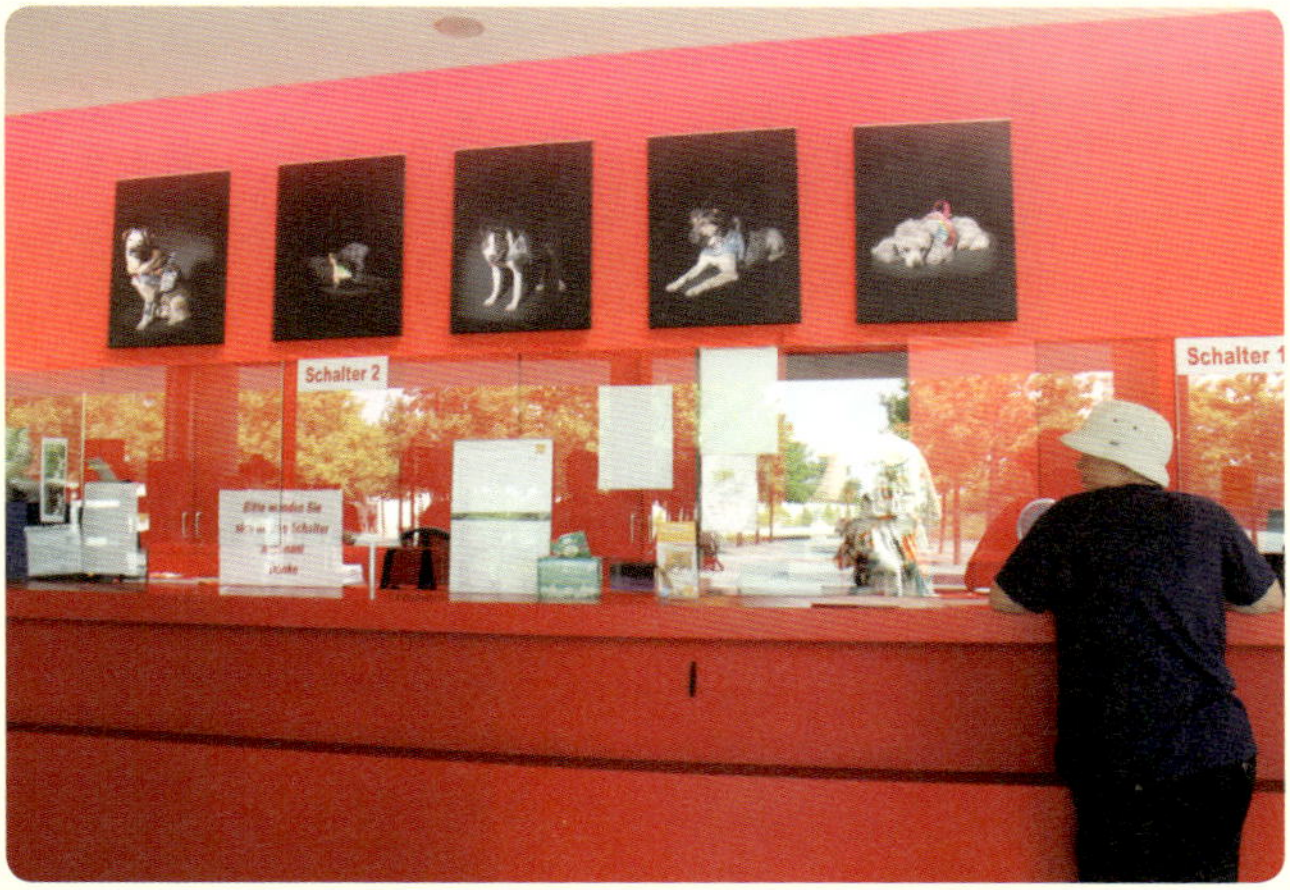

譲渡に関する手続きなどを行う受付カウンターはとても印象的な赤！　窓口がいくつもあるのが訪問者の多さを物語っています。受付手前にはカフェも併設。

写真ー左上 Gianni Plescia

ば、不適切な家畜管理は、食の安全をおびやかす、という共通認識がしっかり根付いている。**動物の問題は、人の問題、社会の問題なのです。**

動物に対する真摯な態度は、法律にも表れています。日本を含めた多くの国では、動物は「物」に分類される。結果、近所の人があなたの飼っている犬をナイフで切りつけても、その行為は「器物損壊」にあたります。しかしドイツは、机やいすと同じ扱いでは動物は守られないとして、**動物の法的地位を改善し、単なる「物」とは違うものであることを明記しました。**そんな国の、「動物に配慮するのが当たり前」な姿勢をベルリンのシェルターに見ました。

ヨーロッパ最大のシェルター「動物の家」

2013年夏、EUの首都的存在ベルギー、ブリュッセルにある動物福祉のNPOで、**EUの動物法がつくられる過程を体感するため**インターンシップをしていました。「スロベニアで野生動物のサーカス利用が禁止になった」「EU28カ国で化粧品のための動物実験が禁止された」といった会話が飛び交う動物福祉法の最先端で、忙しく過ごす日々。週末は、ヨーロッパの中でも動物福祉法のレベルが高いとされるドイツのシェルターを訪ねることにしました。

ドイツ語で「動物の家」を意味する「ティアハイム」と呼ばれる動物保護施設は、ドイツ国内に約1000あるとのことです。その中でもヨーロッパ最大のアニマルシェルター、ベルリンティアハイムに、ベルリン出身の友人ミリアムが連れていってくれました。

西ベルリンから車で向かうと、ある地点から街のようすはがらっと変わります。小さい窓がかわいい、緑や赤のカラフルな小さい家々が並んでいた風景から一気に、ロシアやチェコで見かける、クリーム色の画一的で簡素なマンションが立ち並ぶ区域に。「東ドイツに入ったよ」とミリアム。いまだに残る東西の違いに感慨深いものを感じつつ、東ドイツ側だから土地も安めで大規模なシェルターも建てることができたのかな、と考える。ティアハイムに到着。大胆な原色で動物の模様があしらわれた門の前まで行くと、テレビで見た、ペット法に詳しい吉田真澄教授の講演の写真と同じ景色に心が躍り、初めて来た気がしません。ちなみに、女優の浅田美代子さんもテレビの動物保護関連の番組でここを訪ねたことがあります。

すでに犬を飼っていて２頭目として迎え入れることを検討している人は、犬同士の相性を見て譲渡を決める必要があります。この男性も、愛犬と相性が合う犬を探しにきたそうです。

訪問者を囲むように犬舎が並んでいます。ケージには、あらゆる角度から自然光が差し込む建築構造に。シェルターに大型犬が多いのは、大きい犬は都会で飼いづらいためらしいです。

人なつっこい猫は、ガラスのそばまで来てくれます。譲渡を希望する人は、気に入った猫の部屋にスタッフと一緒に入り、自分との相性を見極めることができます。

写真ーすべて Gianni Plescia

ミーハー気分のハイテンションを抑えつつ中に入り、まず目に入ったのは、事務所前の左手に広がる噴水。蓮の花が水しぶきを気持ち良さそうに浴びています。事務所内は、真っ赤なカウンター。４つ並ぶ窓口の多さが、ここを訪ねる人の多さや規模の大きさを物語っています。

カウンターに行って、保護されている動物の頭数やシステムを質問すると、スタッフの女性がていねいに答えてくれます。すると彼女の後ろを通った別のスタッフが、そういう情報は後ろのパンフレットにあるからそれを読んでもらって、それ以外の情報は与えなくていい、と厳しい。そんなにすらすらドイツ語読めませんが……と思いながらパンフレットをもらう。通常業務以上のことはしない、ということのよう。その分の時間と労力を、動物にかけてくれるならいいかと、女性スタッフに迷惑をかけないように、勝手に見学を始めることにする。

「シェルターでもらうのが当たり前だよ」という少年

ここの敷地は、全体でサッカー場30個くらいというから、土地の使い方にも余裕がある。訪問客が迷わないように随所にある標識が、テーマパークのようでわくわくします。円柱型の犬舎は、真ん中にスペースがあり、訪問者がそこに入ると、360度をぐるりと犬の個室に囲まれる構造。犬舎の外を囲む池には、犬の鳴き声の防音効果があるのだとか。

犬舎と池の奥には広い円形の中庭があり、ここで犬をトレーニングしたり、飼い主候補が犬と一緒に出て相性を見ることができる。そんなふれあいスペースでは、4人家族と小さく動く犬を発見。白黒の子犬が土のすき間にはまってもがいているようすを、家族全員が目を細めて見つめている。

この子を引き取るつもりなのかな？　フェンス越しに中学生くらいの男の子に尋ねます。「どうしてシェルターの犬を迎えようと思ったの？」。

「インターネットでここのことを知ったから」と答えて、その先は言わなくてもわかるでしょ？　という雰囲気。**人が犬を飼いたいと考えていて、捨てられて暖かい家族と生きたい犬が存在する。そしたら自然とシェルターでもらうことになる、**ということだ。そんなの当たり前だよ、という少年の態度が清々しい。心で飼ってるなぁ、と感心してしまう。

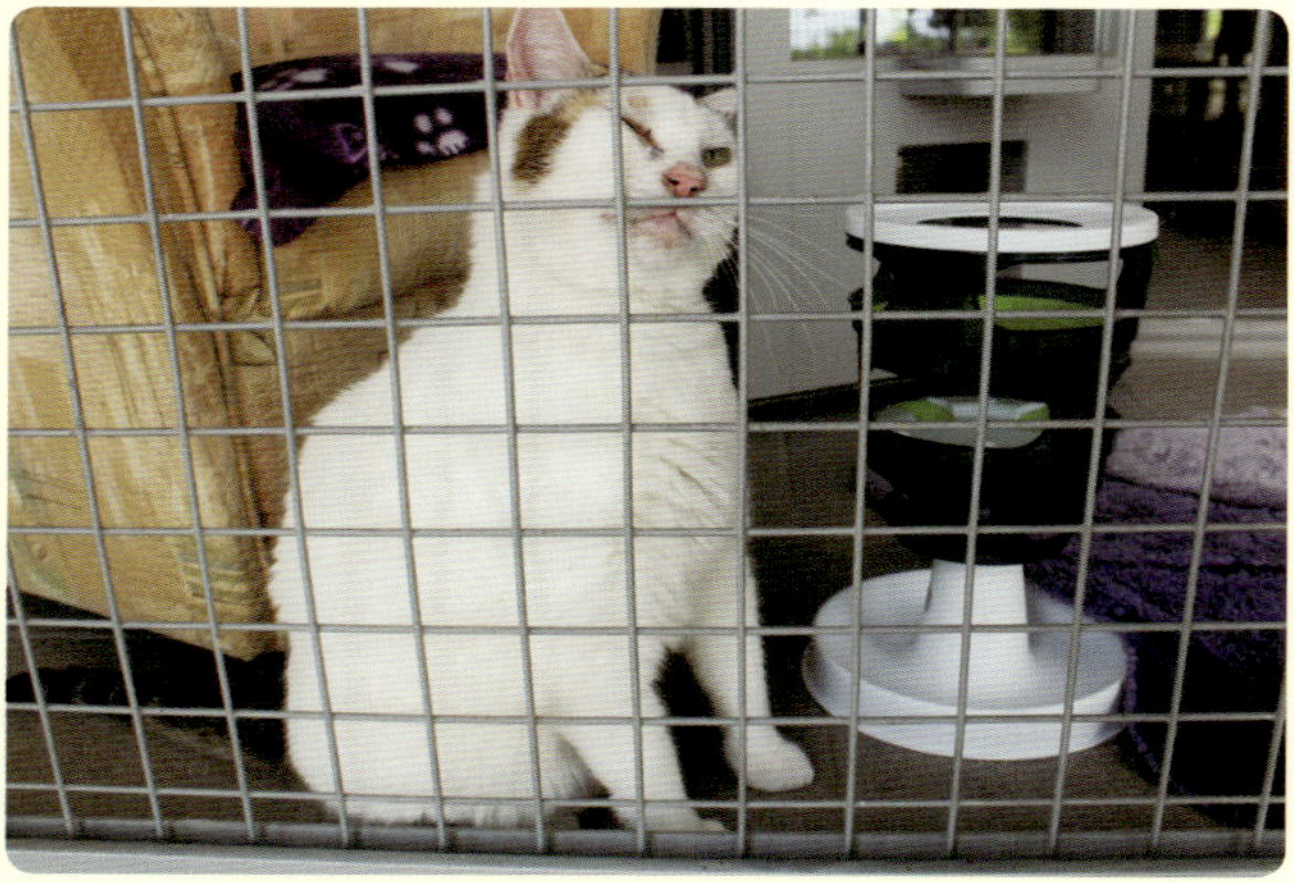

訪問者を眺める白い保護猫。猫舎は、ガラス張りになった室内部分と、外気に触れられる外部分に分かれていて、掃除などの特別な時間以外は、猫は自由に行き来しています。

ガラス張りの猫舎。 キャットタワーにはタオルがかけられていて、人に見られたくない猫は隠れて寝ることができます。ここの犬猫は、平均2～3週間で新しい家族に出会えるといいます。

ティアハイムのシェルターでは、犬猫だけでなく畜産動物も保護されて、そのセクションには、羊、馬、鳥、豚などが。他にも、爬虫類セクションや、動物実験施設から保護した猿のセクションもあります。

噴水も見える猫舎の網越しに、くつろぐ猫を眺めて歩きました。このシェルターには、心のケアが必要な動物や老齢な動物のために、動物介護士がいます。手厚いケアを受ける動物を見ると心が安らぎます。

世界一と言われるドイツのアニマルシェルターの存在意義が最も際立つ瞬間に立ち会えて良かった。すでに自分の所有物であるかのように男の子の靴ひもをカシカシとかじる子犬は、しっかり愛情を受けながら、きっと一生大事にしてもらえるだろう。

続いて猫舎へ。ここは、庭への行き来が自由。広い屋外ゾーンでは、大木でつくられたアトラクションで、若い猫が走り回っています。地面には日差しを避ける大きな猫。

室内は、ガラス張りでオシャレな内装。6畳ほどの広さに、3、4匹の猫がごろごろ。頻繁に掃除をしてもらっているようで、とても清潔。そっとしておいてほしい猫たちは、キャットタワー（高いところで猫が寝たり遊んだりできるタワー）のところどころにかけられたカラフルなタオルに隠れて爆睡しています。

ウサギやモルモットのエリアも、天井から光が差し込む構造になっていてとにかく明るい。そして意表を突かれたのは、爬虫類エリア。カメやヘビ、カメレオンなどが、それぞれの動物に合った大きさの部屋でゆっくりと動いています。熱帯環境を再現する小さい川や緑の森、照明が豪華。**他国のシェルターでは、爬虫類を保護するシェルターは見たことがありません。**

再び外に出ると、奥にあったのは家畜エリア。ニワトリや豚がいる小屋の横には、サッカー場ほどの草原が、2頭の馬に与えられている。動物園にいるような錯覚に陥りながら、人と関わる動物の種類はこんなに多いのだと再確認。同時にそれは、人から捨てられたり、虐待から救助されたりする動物の多さも物語る。

家畜エリアの隣には、緑に囲まれた静かな空間があります。そこは、**シェルターで息を引き取った動物のお墓。**大小さまざま、名前が刻まれたお墓に、草花がふんだんに供えられています。

世界には、動物を無責任な飼い主から回収し、首輪が付いていようがいまいがガスで殺処分して、**その骨をゴミとして捨てるのが少し前まで普通だった日本**のような国もあるというのに、ここでは1頭1頭が尊重されている。

見学の途中気になったのは、スタッフの少々冷たい対応。カウンターでも感じましたが、トレーニングをするスタッフが犬を連れているときも、訪問者を歓迎する感じがしない。他のシェルターでは、「来てくれてありがとう!」というスタッフの笑顔があるものですが、ここは違うのです。

ハト小屋の屋根にはハトが並んでいますが、よく見ていないと、この建物の一部がハトの部屋になっているとは気づかないほど立派です。

エサ箱や水置き、トイレが設置されているハト小屋の中。数羽のハトに、この部屋に来るとエサなどが揃っていることを教えると、一気にすべてのハトに伝わるのだとか。ハトの帰巣性と互いに連絡を取り合う習性を利用して管理しています。

政治家のクナウフさん自らがエサをつぎ足します。ハトの世話を担当する人はいるけど、時々やってきては自分でやってしまうらしいです。

産み落とされていた卵（手前）とプラスチックの卵（奥）をすり替えます。本物の卵は、オレンジがかっていてまだ少しぬくもりが。増え過ぎたハトに反感を持つ人がいる中で、どのように羽数を調整するか、日本も他人事ではありません。

私営シェルターでは、寄付がなければ運営が立ちいかなくなるし、動物の里親になる人がいなければ動物はたちまち増えてしまいます。それでもスタッフの人が仕事を淡々とこなし愛想を振りまかないのは、厳格でまじめなドイツ人気質だけが理由でもなさそう。スタッフや訪問者にとって**アニマルシェルターの運営が「当たり前」であるから、笑顔を振りまく必要がない**、という風に感じられるのです。

人間によって行き場をなくした動物を保護してケアするのも当たり前、そこに寄付するのも当たり前、そしてシェルターに来て動物を引き取るのも当たり前。動物と暮らしたいならば、シェルターで動物と出会うのが自然な選択、というドイツは、真っすぐでかっこいい。

ハトが毒殺されなくするための政策も

社会問題があれば、その社会の構成員、つまり住民みんなで良くしていこうとするのもドイツの特徴。人々が規則正しい生活を目指すこの国では、街や道をキレイにするために各戸で窓際に花を咲かせることが個人に求められたりする。

ある駐在員妻の体験談によると、ドイツに住んでいた頃、家に花を植えるお金がかかって大変だったそう。また、隣人から、なぜ夫にも家の仕事をさせないのかと聞かれたりしたこともあるそうだ。人それぞれ、で片づけられることではなく、社会の構成員としての責任を問われるのですね。

正しいと思うことを互いに伝え、共有し、周囲の環境をより良くしていくという態度は動物保護にも共通しているのだと感じたのは、ベルリンシェルターの次に訪ねた、アーヘンの市営シェルターです。

歴史ある小さな町に着くと、ドイツの緑の党の女性政治家、クナウフさんが迎えに来てくれています。ベルギーの職場の上司が紹介してくれたのです。初めて会うとは思えないほどフレンドリーにハグをして、よく来てくれたね、と笑顔。シェルターに向かう車の中で、彼女が推進してきた、アーヘンの動物保護の取り組みについて教えてくれます。

そのひとつが、ハト政策。**ハトのフンが迷惑だからと、住民がハトに毒を飲ませる事態**を受けて、ハトとの共生の道を探った結果、ハト小屋が建てられました。彼女は、ハトの巣を政府の建物の上に設置。**毒殺ではなく、卵のすり替え**によってハトの数をコントロー

アーヘンの市営シェルターは、人（スタッフや訪問者）の数に対して保護動物の数が非常に少ない印象が。奥に並んでいる犬舎は、ほぼ空っぽ！　つまり、保護される犬が少なく、入ったらすぐ引き取り手が見つかるということです。

犬舎には、動物が入っていることが稀という理想的な状況。暑い日だったので、部屋に置かれた小さいプールで楽しそうに遊ぶ犬も。このジャックラッセルテリアは、プールより訪問者に関心があるようです。

動物の世話にはタオルがたくさん必要なのです。寄付されたタオルやブランケットが山のように積み上げられていますが、保護動物の数が少ないため余っている！すばらしいことです。

洗濯機で、汚れたタオルを大量に洗います。

ルし、生を受けたハトが質の高い生活をできるようにしました。本物の卵をプラスチック製の卵にすり替えてしまうというのは抵抗感もありますが、毒殺で苦しむハトをなくすための苦肉の策。

もうひとつは、市内における、**サーカスでの野生動物利用の禁止**。本来人の管理下に適さない野生動物に危険な芸を訓練し、小さいケージに入れて移動して回ることもあるサーカス。アメリカでは、巨大なゾウを小さな台に乗せる訓練の途中、鋭い金具が先に付いた棒でゾウを殴りつけている訓練の様子が撮影され、社会問題になりました。

そうした動物への精神的、身体的負担を避けるべく、**欧米では、動物全般もしくは野生動物のサーカスへの利用を法律で規制する動きが急速に広まっています**。そうした法を市のレベルで導入したクナウフさんは、その功績を讃えられ、2年連続で動物福祉団体から「動物福祉賞」を授与されました。

そんな話を聞きながら着いたシェルターは、週末ということもあり家族が列をなして賑わっていました。見学の予約をしていても待たされるなんて、その人気ぶりが嬉しい。

待機中も、クナウフさんの話は尽きません。**ドイツでは犬猫を店頭販売するペットショップがひとつしかなくて、それも動物保護団体の批判を浴びている**。違法ではないのに、市民が嫌悪感を抱くそう。ふむふむ……。

動物が増えないようになれば殺処分ゼロが可能に

ここは、約40〜50頭の犬、猫150匹、ウサギ20羽が保護できる、「ノーキル」の行政シェルター。**ノーキル、つまり殺処分ゼロがなぜ可能なのか、**スタッフに聞いてみた。

「ドイツには動物が少ないからよ」と言い切る若い女性スタッフのステフィさん。動物と暮らす人は多いけれど、ペットを大量生産するシステムや、避妊去勢を受けていない野良猫がほとんど存在しないのだ。そうすれば自然と、行き場のない犬猫の数は減る。なんてシンプル。

50ほどある犬のケージも、ほとんどが空っぽ。本当に保護動物が少ないんだなぁ、と感心しながら歩いていると、15匹の猫が一緒に入っている猫舎があり、そこに貼られているポスターが目に飛び込んできた。猫の繁殖力のすごさを伝えるそれによると……。**避妊去勢手術がなされていない野良猫が2匹いたとすると、4年間で2万匹以上になるというのです!**

猫が驚異の繁殖力を持つことを伝えるポスター。２匹の猫から、４年で２万匹に増える様子がグラフィカルに表されていて、小さい子どもにもわかりやすい。

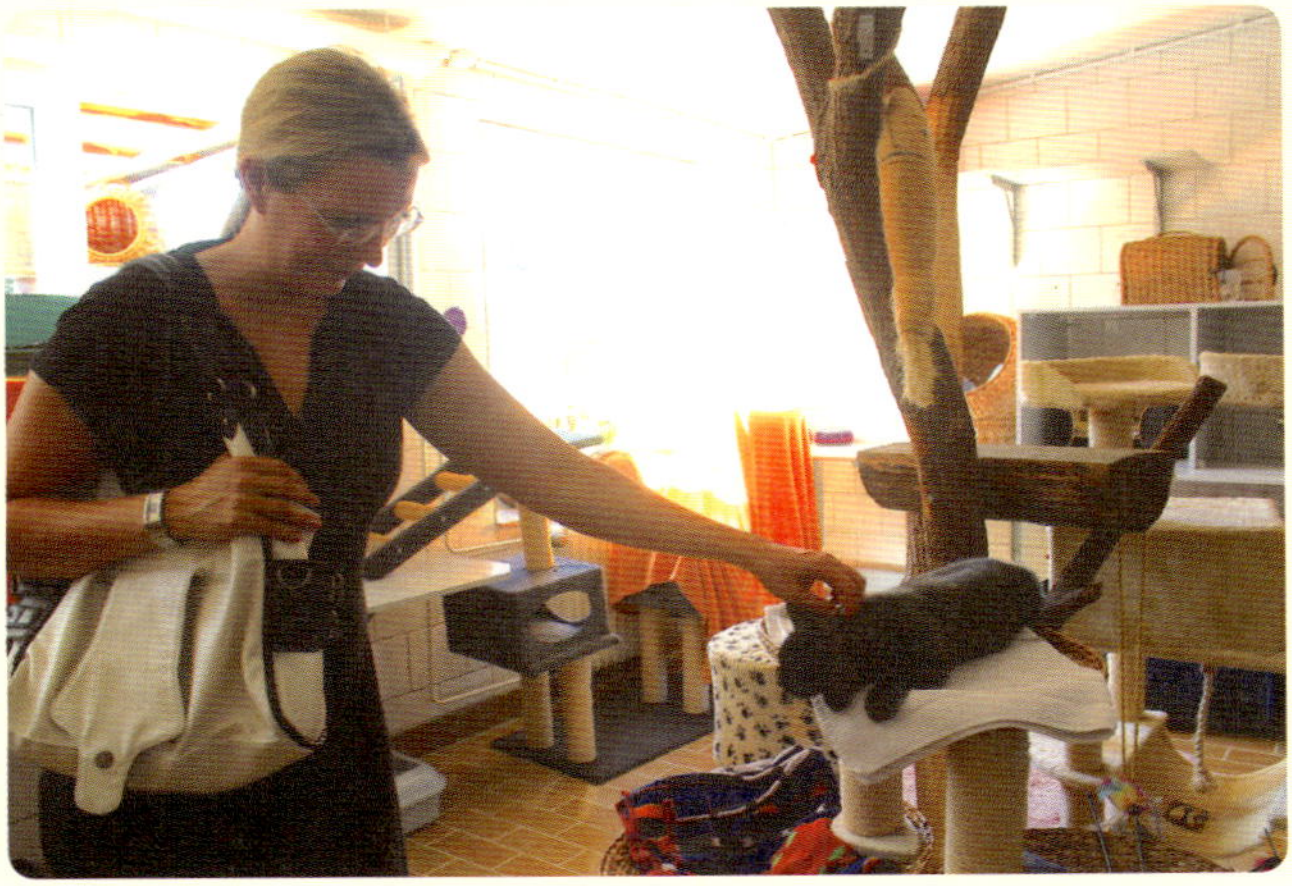

猫派の政治家クナウフさんに撫でられる黒猫。ここの猫舎には、猫のドームハウスなど遊び道具もたくさん寄付されています。

ウサギなどが保護されている小動物の部屋。中央のガラスケースにいたハムスターは、楽しそうに草の中にもぐったり顔を出したりして遊んでいました。

避妊去勢の徹底の重要性は、動物保護の世界ではよく叫ばれています。一方、日本の人は「避妊去勢」を動物に施すことに抵抗感を抱くケースが多い。自然ではない、健康な体にメスを入れるなんて可哀想、などなど避妊去勢に賛成したくない理由はさまざまでしょう。私も当初、動物の本能を奪ってしまうことが正しいのかわからず、野良猫の殺処分問題を深く知るまでは、避妊去勢賛成！と声高には言えませんでした。今でも、少し抵抗があります。

けれど……この驚愕の繁殖力はしっかり立ち向かって考えねばならないでしょう。昔から人のそばで暮らしてきた猫は、自活できる野生動物とは異なり、野良生活では飢えや病気に苦しむことになります。京都大学時代に近所で見た野良猫は、目が病気に感染してぐじゅぐじゅになってやせ細っていました。そんな状況をなんとかしたくて個人で治療代や餌代を出そうとしても、2万匹となるとどうしようもない。

そして増えていくほど、町で住む人たちから、鳴き声やゴミ漁り、糞尿に関する苦情が役所に集まる。そして多くの猫を管理できる人を見つけるのは実際難しい。となると保健所に集まった子猫は殺処分される……。このサイクルを止めて、1匹ずつ健康に天寿をまっとうさせるためには、**避妊去勢という「数のコントロール」が必要**、ということになるのですね。

日本全国で平成24年度に殺処分された猫のうち、60％は子猫。つまり、**猫の繁殖に、ケアや譲渡先探しが間に合っていない**ことになります。ということは逆に言えば、野良猫の避妊去勢処置を徹底すれば、猫の殺処分は一気に4割以下になるはずです。ドイツのように避妊去勢を徹底しないままでは、動物の数は減らない。つまり、ノーキルは実現しない。殺処分か避妊去勢か。この2択のうち、あなたならどちらを選びますか。

ニワトリを狭いケージに入れるのを禁止する法律が

政治家のクナウフさんが次に案内してくれたのは、猫をはじめ、馬、ニワトリ、ロバ、アヒルなどがいる総合的な私設アニマルシェルター。ありとあらゆる動物に同じようにケアをして大切に育てているおじいさんオーナーが、ていねいに動物の説明をしてくれます。

「失明しているこのダーリンボーイは、病気のこの子を持て余していた飼い主から引き取ったんだ」と馬の鼻の先に手をやりながら話すオーナー。小さい虫から馬の目を守るた

主に家畜動物を保護する、アーヘンのシェルター入口に向かう道。右に見える建物にはオフィスなどが入っています。

シェルターの玄関。中に入ると、講習会も行える大きな部屋があります。

馬の個室が並び、目の前が馬を歩かせるスペースになっています。

保護動物のごはんは家畜なのでダイナミック！　外には生の野菜やパンをちぎったものが。キッチンでは、ズッキーニ、ジャガイモ、ラディッシュ、パプリカ、りんご、バナナ、ぶどうなどが色鮮やかに並んでいました。

めに、目隠しのようなプロテクションが付けられているその馬は、初対面の私には警戒して近づかないけれど、オーナーが手を添えると喜んで撫でられている。たてがみにリボンが付けられ、かわいがられているようすが伝わってきます。

次にオーナーと向かったのは、コッコッと群れをなして歩き回っているニワトリの庭。「この子たちは、卵を産む頻度が下がって、食肉処理場に連れていかれるところを私たちが引き取ってここに連れてきたんだ」。6畳ほどの野外スペースには低めの樹木が生い茂り、木の上で寝るニワトリもいるという。

近年あらゆる動物福祉法の改正を進めているEUでは、2012年以降、採卵鶏《さいらんけい》農場で一般的に使われていた「バタリーケージ」の使用を禁止しました。**バタリーケージとは、ニワトリ1羽ごとに与えられるスペースがA4サイズほどの広さしかなく、ワイヤーの底に足が食い込むこともあるケージのことで、動物福祉的に問題があると長年批判されてきたものです。**

新しい法律では、とまり木で寝るという習性を生かすために、ケージの中でニワトリを飼育する場合はステンレス製の棒をケージの中に取り付けることなどを義務付けました。

ちなみに、日本では90%以上の卵がこのバタリーケージだというデータがあります。対して、このアニマルシェルターで広い土地の地面をついてミミズを探したり、羽をばたつかせて周りの仲間をびっくりさせているニワトリたちは、自由を謳歌しているよう。90羽ほどいるここのニワトリは譲渡対象。庭で飼えない人なら、2、3羽の里親になり、ここに置いたままで世話を任せ、そのニワトリが産んだ卵を週に5つほど分けてもらえる。あと、現在20人の里親の寄付がニワトリの世話代になっているとのこと。

ちなみに、そんな人たちは食事のとき、卵をじっくりと大切にいただくのだろう。そんな社会では、食べ残しや廃棄される食品も減るのかもしれない……。

問題を隠さず表に出してごまかさずに向き合うドイツ

そして、ここはいろんな事情で来る**動物を世話するだけでなく、教育施設としても機能しています。**近所の学校には動物福祉プロジェクトが立ち上げられ、毎週金曜日には、学校や幼稚園に通う子どもたちがここを訪れてます。体験クラスを受けた子どもたち数名は、その後もボランティアとして頻繁に訪れ、動物のお世話をしているとか。

保護されている馬と、シェルターのオーナー。どの馬の部屋に行っても、自分のオーナーの気配を感じると馬が自然と近くに。馬は信頼感が態度に表れると言われていて、ここでは馬たちがいかに大事にされているかがわかります。

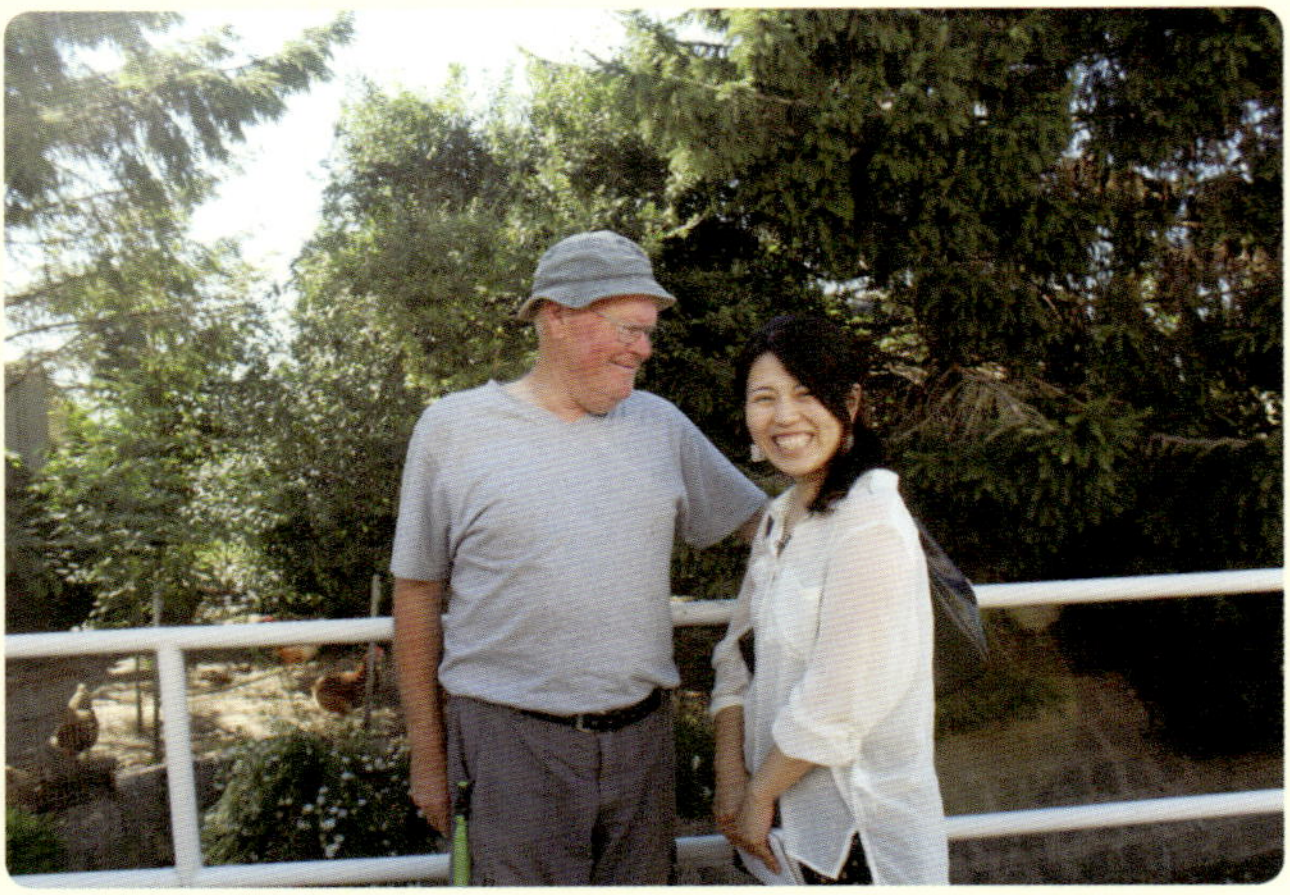

シェルターのオーナーは、英語を話さないので、政治家のクナウフさんを介して話しました。オーナーは、クナウフさんとともに、動物福祉団体から「動物福祉賞」を授与されています。

アーヘンの家畜シェルターでは、ニワトリは土の上を歩き回ります。広いスペースを自由に動き回れるうえに、つつくものがいろいろあり退屈しないので、ニワトリ同士、互いに攻撃的になることもなさそうです。

この写真は、2013 年にスペイン・バルセロナの採卵鶏農場を訪ねたときのもので、ニワトリ 1 羽に与えるスペースが多少広くなった改善型ケージです。EU 各国では、2012 年以降、このケージか、ケージの外での飼育しか認められていません。

そしてオーナーは楽しそうに語る。「子どもたちはここで動物がどういった生き物か知り、動物を守ることの大切さを学ぶ。来週は夏休みのキャンプに来るんだよ」。

このシェルターで動物の世話のお手伝いをして、子どもたちが得るものを想像しただけで温かい気持ちになってきます。毎月2000ユーロかかる運営費（半分は動物のエサ代）は、100％募金。地域の新聞に無料で毎週記事を出させてもらっていて、写真とともに掲載されるその記事によって、人々はこのシェルターのことをよく知っているといいます。地域に根ざしたこのシェルターは、子どもから大人まで愛される場所です。

ドイツでは、国全体の方針を規定する憲法で動物の保護が推奨されるだけでなく、小さい町からも積極的に動物保護が広まり、続いていく。気持ちいいほど動物福祉が浸透し、ひとりひとりの行動指針になっていました。

まじめでキレイ好きなドイツ。しかしキレイだったのは街だけではなく、国の制度も人の心も。キレイかどうかを決めるのは、汚い部分、つまり隠したい社会問題があるかどうかではありません。取り組むべき問題を隠さず表に出して、ごまかさずにきちんと向き合い、みんなで良くしていこうとしているか、という姿勢にあるのです。

CHAPTER 4

ロシア

Russia

冷たさと温かさが
同居する国民性

無愛想な店員、やさしい親子

アニマルシェルターは、人と動物の関係性を明確に表しますが、見えてくるものはそれだけではありません。ロシアのアニマルシェルターを訪ねて、国民性を映し出すという一面にも気づきました。

では、そのロシアの国民性とはどういうものか。私が感じたのは「極端で、冷たさと温かさの二面性を持っている」ということ。京都の大学に通っていた頃、両親が転勤でモスクワに住んでいたので、長期休暇の「帰省先」はロシアであり、夏に3度、冬に1度訪れました。

ロシアの地に降り立ったとき、最初に驚いたのはカフェ店員の無愛想な態度。お客さんを笑顔で包み込む日本の「いらっしゃいませぇ〜!」に慣れていた私には、ロシアのカフェの雰囲気は冷たく感じられました。

こちらがニコッとしながら注文しても、(なんでこの店に来たのよ、仕事増やして!)と言わんばかりの表情。頼んだ紅茶も少しこぼしながら、私の前にガチャン! これが、小さいカフェから、バレエ劇場の豪華なバーカウンターまで一貫しているからすごい。しかし、最初は怖かったのですが、少し経つと自分も笑顔を作る必要がないからかえってラクになり、威圧的な態度に慣れてきます。そして、同じ場所に通ううちに、少しニコッと口角を上げてくれたときは本当に嬉しかったほど、無表情なのが当たり前です。

一方で、社会主義の名残か、お客さんや市民側の我慢強さには脱帽。みんな何が起こっても動じないのです。ある日、路面電車に乗っていると強い雨が降り出しました。なんと天井に穴があり、電車の中にも雨水が落ちてきます。私は電車の中で慌てて傘をさしましたが、周りの方々は、少しも動じず局所的な雨に打たれているのです。

またあるときには書店にて。買いたい本が置いてなかったので、在庫確認か発注をしてもらえないかと店員さんに話しますが、全然とり合ってくれません。この人しか周りにいなくて、あなた以外に誰に頼むの!? という状況なのに「それは私の業務ではない」の一点張り。こちらも意地になって頼み続けていると、横から、「どうしましたか?」とモスクワなまりの英語の声。お客さんで、上品な、金髪のひげがダンディーな男性と、高校生くらいのキレイな女性の親子です。

事情を話すと、店員さんの対応に驚くこともなく「ネットで注文してあげるよ、何冊いる?」とニコニコ顔で聞いてくれます。そして後日、注文した本を両親の家まで直接届けに来てくれました。初めて会うアジア人のためにさらっとそんなことをしてくれる、その温かさに感動。

こういった、冷たさと温かさの二面性は、動物との付き合い方にも表れていました。

道ばたで野良犬と人との共生が

モスクワには野良犬が多い。正確には、過去、多かった。野良犬撲滅のため毒薬を振りまく団体や、アニマルシェルターがあることで、現在は随分減っているようですが、2010年頃のモスクワは野良犬天国のようでした。

モスクワには、1周歩くと2時間ほどかかる大きな公園が点在しています。私が毎日、愛犬あくびと散歩していた公園には、いくつかの野良犬のグループが住んでおり、しょっちゅう見かける犬だけで20頭以上。

その犬たちは、夏のぽかぽか陽気の下では、仲間と一緒に整備された自然に包まれてすやすやと寝て、近所の人から生肉などのごはんをもらいます。寒い冬を生き抜くために集まるのは地下鉄。**私の母は、慣れたようすで電車から降りてくる「通勤犬」を目撃したことがある**そうです。母は仰天したのですが、周りの人はまったく気にしてなかったとか。野良犬はシェパードなどの大型犬ばかりで、どっしり構えたおとなしい犬が多い。やはり小型犬はマイナス20度を生き抜くことができないのでしょうか。

極寒の地でもあるモスクワ、何が天国かと思われるかもしれません。けれど、自由に行きたいところに行き、何よりも近所の人たちからかわいがられていた野良犬は、私にはとてものびのび生きているように見えました。

2月のある日。風が痛いほど冷たく、雪も降る夕方、駅に続く道を歩いていると、屋根の下の狭い場所で、大きな野良犬と買い物帰りの人々が一緒に雨宿りしています。寒過ぎて、帽子をかぶっていても頭痛がして口数も少なくなってくる中、ある光景を見て、一瞬寒さを忘れました。

屋根の下で、買って来たフランスパンをちぎり、隣で雪をしのいでいる犬に与える女性

と、女性の手からゆっくりとそれを食べる犬。寒そうにする女性の表情と、犬の尻尾の毛に付いた雪が、かえって心の温かさを際立たせています。野良犬が見つかり次第、施設に連れていかれる日本では、こんな風景は見たことがない。そこには、ある種の共生の形があるようでした。

こうしたロシア人の動物好きな姿に心打たれたのもつかの間、その後に訪ねたアニマルシェルターでは、ロシアのもう一面、冷たさを感じることになるのです。

お金儲けのためにシェルター建設って？

ロシアの地域新聞で、郊外にできた新しいアニマルシェルターが紹介されていました。同紙面で動物保護ボランティアを募っている女性がいたので電話をし、彼女と一緒に見学に行くことに。シェルターの運営者ではなく、一ボランティアとして登録している彼女は、向かう電車の中で、ひそひそ声でシェルターの事情を聞かせてくれました。

女性によると、**突然建設されたアニマルシェルターはビッグビジネスなのだそう。シェルターを運営しているのは、動物好きではなく「お金が好きな」人たち。**それはおおげさでは、と初めて会った彼女の話を完全には信じられませんでした。しかし、ひとたび中に入り、保護されている動物の傷ついた状況や、私たち訪問者に冷たいスタッフのようすを見て、彼女の言う通りここは動物を守るための施設ではないのかも……という疑念がわきます。

街はずれの丘にこつ然と現れる、トタン板で区切られたシェルター。足を踏み入れると、広大な敷地に犬のケージが広がっている。幅80センチ、奥行き2メートルほどの個室に、犬が1頭か2頭ずつ入れられていて、遠くのほうに広いドッグランが。他の訪問者の姿はまったくありません。

そして犬を見ると、イギリスとは全然違う。見ていて苦しくなってきます。大きな体には狭いであろう場所に入れられて、前を通る人に勢いよく吠えかかるか、悲しそうな目を向けています。イギリスでは、「きっとすぐ新しい飼い主さんが会いに来てくれるよ」と声をかけながらシェルターの前を歩いたものですが、ここには何しろ訪問者の姿がないのですから、いったい誰が迎えに来てくれるのか……。

何よりも、どの子もケガをしているのが気にかかります。血を出している犬がいないのがせめてもの救いですが、目がつぶれていたり、片足をなくしていたり。あとで女性に聞くと、それはつかまえるときに乱暴に扱われるからではないかと言う。**1匹つかまえたらいくら支払われる、というシステムで、より多くの犬をつかまえるために人も必死になるのだと。**最初に説明された、このシェルターはビッグビジネスのための場所だという意味がようやくわかってきました。

理由はどうあれ、公園や街にいる野良犬たちは互いのなわばりを守り、ケンカするところもケガしているようすも見なかったのに、このシェルターにいる子たちがほとんどみんな傷ついているという事実は、そういうことなのかもしれません。

片足をなくした焦げ茶色の犬が近づいてきて、静かにこちらを見つめるので、ケージの前で足を止めてしまう。背中に感じるスタッフの威圧感に押されて前に進み出してしまったけれど、その子と見つめ合っていたかった。

今でも、その子をケージの外に連れ出して一緒に暮らせていないことが悔やまれる。**次に犬を飼い始めることになったら、どの国であってもアニマルシェルターで探そう、そう強く心に決めた瞬間でした。**

背中に感じる案内スタッフの監視の目

世界のシェルターのほとんどが訪問者を歓迎する中、これほど、スタッフに監視されている気分で息が詰まるシェルター訪問は他には一度もありませんでした。

同行した女性のアイデアにより、里親（犬の新しい家族）希望で見学したいと言って門を叩いたのですが、私たちに新しい飼い主になってほしいという気持ちは、スタッフからはみじんも感じられない。逆に、**入った瞬間から終始感じるのは「とにかく早く帰ってほしい」というオーラ**。こんなことはアニマルシェルターではまずない。収容動物が増えれば増えるほど、スタッフの仕事は増えるし、狭いケージでストレスを抱える動物は減りません。

それでも、ここのスタッフは、とにかく自分には関係ない、という感じ。その思考回路が私には理解できませんでした。（なんでもっとオープンにしないんだろう……こんなに閉鎖的でいいことあるのかな？）と。

しかし今になって考えると、やはり**理想の姿を求めていないアニマルシェルターでは閉鎖的になってしまうのでしょう。**特に行政が運営するシェルターでは、とにかくまずは問

公園の中で丸くなって寝ている野良犬２頭。歩く人々は、野良犬に対してやさしく話しかけるか、素通りするかで、大型犬がいても誰も驚きません。

駐車場から見たシェルターの入口。トタン板の壁の外に、ボランティアの人たちが集まっています。

題を起こしたくない、という感情が働くこともあるかもしれません。しかしそんな、臭い物にフタをしたままでは、中身はどんどんよどんでいき、最終的には外にも匂いがあふれ出す。そうなる前に、臭さを絶つために、まずはオープンにしてほしいのですが……。この疑問や願いは、あとあと日本でも感じることになります。

私が「広いですね」と投げかけると、「このシェルターはイギリスのアニマルシェルターを参考にして作られたんだ」と言いながら、スタッフの固い顔が心なしか緩み、「この犬は自分になついている」と、ケージに手を近づけていく。多少はそういうなごみのやりとりもあったものの、見学中もまるで監視されているみたいにぴたーっと張り付かれて、招かれざる客としての時間を過ごします。たとえば、空港のセキュリティーチェックで、悪いことは何もしていないのに緊張してしまうような独特の威圧感を、シェルターの中を歩いている間じゅう感じるのです。

これはロシア特有の雰囲気かもしれません。その数日前、大型スーパーの内装がキレイだなと思って撮影していたら、警備員にデジカメを奪われ、撮影禁止だから中の写真を消せ！　と怒られたことがありました。シェルターでは、私の母がスタッフに話しかけている隙に隠し撮りを試みるも、緊張し過ぎてブレて失敗。ここまで空気が張りつめたアニマルシェルターに、動物をもらいに来る人がいるのだろうか。ますます、動物のためのシェルターではないように感じます。

処分されないよう毎週末半日かけて通うボランティア

組織や仕事という観点では冷たくシビアなロシアだけれど、人間ひとりひとりとしての温かさや我慢強さを感じることは前述した通り。私と母をシェルターに連れていってくれた、カタコトで英語を話す女性から聞いた話はこういうものでした。

ある日、彼女がいつもエサをあげていた近所の野良犬3頭がこつ然と姿を消した。心配して探しても姿がない。ようやく見つけた彼らがいたのは、新しくできた大きいシェルターの中。「私は猫を数匹飼っているから、犬は飼えない……」。

そんな彼女がとった行動は、毎週末半日かけてシェルターに通うこと。モスクワ市内から、地下鉄で終点まで行って、そこでバスに乗り換えて町外れに。さらに、ボランティア仲間の車に乗せてもらいようやくシェルターに到着。しかし、毎回、施設内に入れてもらえるかヒヤヒヤ。ようやく入れてもらえると、犬にやさしく声をかけて、スタッフの目を盗みながらソーセージのおやつを与える。監視され続けるのは相当疲れるのに、彼女はそれを毎週末続けている。

「なぜそこまでするの？」クールビューティーな彼女に、素朴な疑問を投げかけて、返ってきたのは、切羽詰まった、決意にも似た答えだった。

「ここではまともな決まりごとがまったくない。いつ、どの犬が殺されても不思議ではない。毎日声をかけていた3頭のうち、ここで見つけたのは2頭。もう1頭は生きているかもわからない……」と小さく声を漏らしたあと、今度は口調を強めてこう言い切った。

「だから私は、処分されないように監視するために、毎週末必ず会いに来るの！」

アニマルシェルターに通うために、旅行にも行かない。縁を感じた犬を必死に守っているのです。

日本では、動物保護のことを話すと、相手が一線を引いて（あ、あなた、グリーンピース側の人間ね）というムードの過激なレッテルを貼られてしまうことが多い。あらゆる人と動物が共に幸せになる道を模索したいだけなのに、その意識すら共有してもらうのが難しい。

しかし彼女ならわかってもらえそうと、帰りのバスで、ロシアで動物のために闘う彼女に、自分の葛藤を相談しました。すると、彼女がこう返してくれた。

「ロシアも一緒よ。動物好きは多いけれど、そこまでするかって、ヘンな人扱いされることもある。けど……いや、だからこそ私たちが続けないで誰がするのかしら？　お互いがんばりましょう！」

実際にがんばっている彼女の言葉は力強く私の胸に響きました。嘆いてなんかいる場合じゃない！　彼女との出会いに感謝しながら、別れ際に大きく手を振りました。

「私は、日本でがんばっていきます！」

周りからどう判断されるか恐れていたら何も始められない。そう決意して帰国したあとの**2010年春、私は有志を募って、京都大学初の動物福祉サークル「YUKI」を立ち上げました**。便利で近代化した今の社会は、あらゆる動物を知らず知らずのうちに不必要に傷つけています。犬猫の殺処分も重要な問題のひとつ。ＹＵＫＩはその問題を少しでも多くの人に伝えたいという思いでスタートしました。

しかし、人の行動や選択が動物に与える影響は、殺処分問題にとどまりません。私はさらにその後、**2012年から2年間、世界で唯一、動物法の学士が取得できるアメリカのロースクールで、変動する動物関連法を学びました。**そして、研究の合間に訪ねたシェルターはどこも、私が持っていた「犬猫保護施設」というアニマルシェルターの概念を打ち破るほど先進的で、その一部を、1章のアメリカ編で紹介しました。

CHAPTER
5

スペイン

Spain

自然保護区を
シェルターとして生かす

シェルターの玄関を通り、坂をのぼっていくと、左手に犬舎と猫舎、右手に野生動物などを救助した際に収容する部屋やオフィスがあります。

バルセロナ市営シェルターは、郊外の山に埋もれるように横長に建てられています。だから、犬の散歩道は、自然がいっぱいの環境。

譲渡対象の犬舎で、地元のご夫婦が犬を見て歩いています。ボランティアスタッフのお兄さんは散歩チェックボードに散歩済みのマークを記入中。

🐾すべての動物を救えないなら、せめて伝えていきたい！

どこのシェルターでも、飼育放棄されて行き場をなくした動物を前にして、あきらめない姿勢や、あれこれ工夫する取り組みに触れるといつも、参りました！　という気分になります。その努力の最大の目標は「命をつなぐ」というもの。**「まずはとにかく生かしたい！」というシェルタースタッフやボランティアの思いは世界共通です。**スペインのバルセロナ市営シェルターでも、その強い意識に触れました。

さらにそのあと、自然保護区を利用した民営の犬猫シェルターと「チンパンジーサンクチュアリ」では、もう一段階上のあきらめない姿勢を目にしました。それは、**ただ生かすのではなく「いきいきとした生活」までを与えるということ。**動物福祉を向上させようとするその取り組みとは……。

スペインで最も動物保護が進んだ街、バルセロナにある市営シェルターが掲げたポリシーは「殺処分ゼロ」。実際にそこを訪ねて、素晴らしいポリシーがもたらす問題も垣間見ることができました。一時的な保護のために建てられたシェルターの個々のケージは狭いのに、**譲渡先が見つからず何年もここで過ごす犬猫に会って、ただ生かすことが正解ではないようにも感じたのです。**

動物法に詳しい弁護士のアナと一緒に、街の中心地から車を走らせ30分。山沿いに建てられた施設が見えてきます。殺処分ゼロのシェルターを訪ねるのは初めてとなります。

まず例によって施設内を案内してもらうのですが、バルセロナの太陽は痛いくらいにまぶしく、暑い。ケージにいる犬もちょっとバテ気味なのか、どの子もおとなしい。建物は小さいけれど、冬は床暖房が入るなどケアがきちんとなされているようす。

ケージの前にぴったりくっついて、前を通る人に集中している犬たち。そうしたケージを通るたびに、1頭1頭と目を合わせて、あいさつをしていく私。アナは「うちには猫が4匹いてもう引き取れないから、目を合わせるのがつらい」と言って足早に進んでいくので、私も慌ててペースを合わせるように歩調を速め、室内のシェルターに向かいます。

ちょうどオフィスでは、保護犬の飼い主になる50代の男性が手続き中でした。おじさんが手にしたリードにつながれる、ちょっと緊張した栗色の小さいミックス犬。おじさんは私と目が合うと「安心して。僕がしっかり面倒見るから」と言わんばかりに嬉しそうなウ

ボランティアスタッフのパトリシアさんが散歩中。待ち望んでいた散歩だからか、犬は道の途中にあるものすべてに興味津々です。

私もボランティア参加で、白い犬ジーンと散歩させてもらい日陰で休憩中。パトリシアさんが散歩させている犬と兄弟なのです。

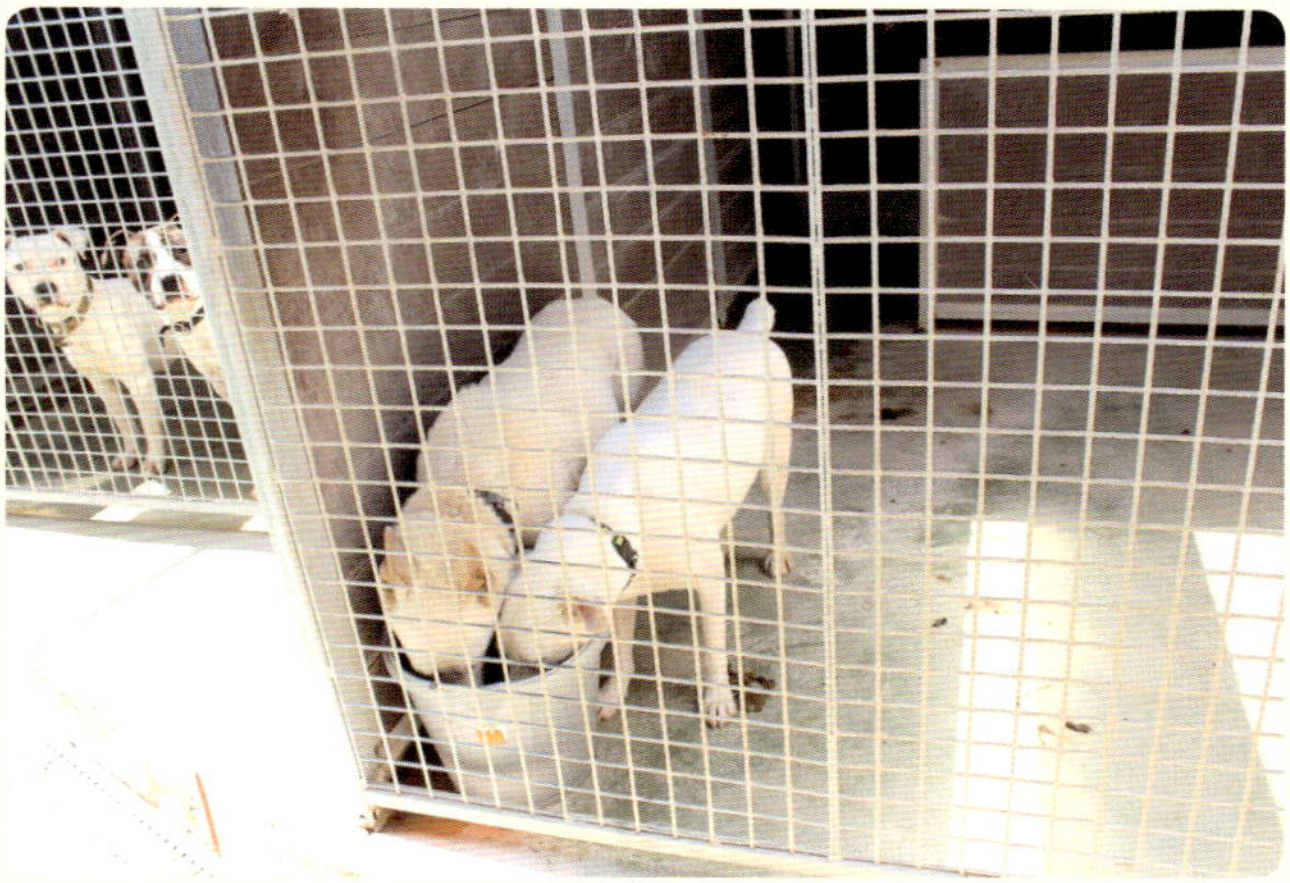

散歩から戻るとすぐに、同じバケツから水を飲み始めた白い犬の兄弟。仲良し！

パトリシアさんは、暇を見つけては猫舎にあいさつをしにいきます。猫舎は、外と室内のセクションがあり、保護猫は自由に行き来可能。猫を撫でるためのボランティアスタッフまでいるのです。

インク。スペインのおじさんは本当にお茶目。

多くのシェルターでは、新しく来た動物をすでにいる動物とすぐに一緒にはしません。何か病気を持っていたら他の動物にうつる可能性もあるからです。健康状態をチェックする期間を設け、症状が見つかったらきちんと治療してから仲間入りさせます。迷っている間にケガをしたのか病気だから捨てられたのか、包帯をした猫が。そんな姿を見ると、心が痛みます。

各部屋のドアを豪快に開けてすべてを見せてくれるスタッフについて奥に進んでいき、入った部屋は獣医さんもいる治療室。治療台の上にいる犬に気をとられていると、下にも茶色い中型犬がいます。

「あ、治療中だったね」とそそくさと出ていくスタッフのうしろにつく私に、茶色い犬が包帯で巻かれた足をひきずりながら一生懸命向かってくる。「撫でて！」と笑顔を投げかけてくれる中型犬に思わず言っていた。「ごめんね、また来るから」。

きっともうこのバルセロナ政府の動物シェルターまで会いに来ることはないのに。とっさにウソをついてしまった自分の偽善者ぶりがイヤになり、後悔で涙が出てくる。目がキレイで、とっても可愛い茶色の犬だった。

このシェルターで保護されている犬は約200頭、猫は約150頭。**これまで私が各国で訪ねたシェルターの犬猫すべてを合わせると約3000頭。そしていつも思うことがあります。人が好きで、愛する家族から捨てられてもまだ人を信じて、今も人に撫でて！とせがむ純粋な動物たち。そんな動物に会って、少しでもその気持ちに応えられるなら、もっと長くシェルターにいたい。もっとたくさん来たい。**

撫でて笑顔が返ってきたら嬉しいけれど、同時に、とめどもない切なさが胸の奥に棘を残す。この子たちすべてを救うことはできない、という無力感。

すべての動物を救えないのなら、ひとりでも多くの人に世界じゅうの動物シェルターの犬猫が新しい家族を待っているということを伝えたい。私にできるのはそれくらいだ、と痛感する。

バルセロナの放し飼いシェルター（P144〜）。駐車場からシェルターに向かう途中ですでに、犬の元気な声が聞こえてきます。フェンスの中には、たくさんの大型犬が放し飼いです。

放し飼いシェルターの入口では、大小さまざまな犬が、訪問者の身元を確認しに集まってきます。

補助器具を付けて走り回る犬。本人も周りの犬も慣れたもので、補助器具のことをまったく気にしていないようです。

楽しげに取っ組み合いを始める犬も。ここでは、エネルギーを存分に発散させられるのです。

6年もシェルター生活を続ける兄弟2頭

ここでは、殺処分を行わないからケージは常に満杯。ひとつの狭いケージに犬が数頭入っていることもあります。スタッフは日々の世話で相当忙しく、問題行動があって引き取り手が見つかりにくい犬のしつけまでは、なかなか手が回らないと言います。**それでもここでは、引き取り手がないことを理由とした命のタイムリミットがないわけで、従来の日本の状況よりはいいと言えるかもしれません。**

200頭の犬をテキパキ散歩させるボランティアのまなざしがやさしい。太陽が照りつける外に出ると、待っていてくれたのはボランティアのベテラン、パトリシアさん。私は兄弟2頭を散歩させてもらうことになりました。ゆっくり歩き出すとバルセロナの街を見渡せる丘が続いています。

散歩の時間を待ち望んでいたのでしょう、担当したジーンという白い犬はグイグイとリードを引っ張る。けれど、歩きながらときどき振り向いてパトリシアさんを見ています。毎日散歩に連れ出してくれるボランティアの継続的な支えと温かさは、保護犬にとってすべてであるとも言えます。

シェルターじゅうが幸せな空気に包まれるのは、保護動物が新しい家族に引き取られる瞬間ですが、私は、ボランティアさんと保護動物の信頼関係を垣間見ることもお気に入りです。

散歩途中に休憩すると、兄弟は甘えたいのか、顔をパトリシアさんの手にグイグイと押し付ける。「ホーダーから来た犬だから、ペロペロなめて愛を伝えることを知らないのよ」とパトリシアさん。ちなみに**ホーダー（hoarder）とは、飼育可能な数以上の動物を抱え込み、じゅうぶんな世話ができずに虐待状態にまで陥ってしまう人のこと。**説明する彼女は微笑みを浮かべ、切ない話なのに愛情たっぷり。こちらもつられて笑顔になります。

8年間ここに通うパトリシアさんのお気に入りの2頭は、もう6年もこのシェルターにいるのだとか。そんな話を聞きながら、兄弟2頭のやんちゃ犬は、乾いた土の上をごろごろ転がって砂ぼこりを立て、「こらこらっ」という私たちの反応を見て喜んでいる。

でも、いつもは狭いケージにいるストレスから、この日も2頭は下痢気味。もっと幸せになってもいいはずなのに。広い場所で走り回り、土の匂いも家の温かさも毎日感じてほしい。最初は慣れない家族生活の中で失敗して怒られながらでも、家族の愛情を受け、そ

一斉にスタッフの女性に寄っていく50頭のがっしりした犬が壮観！　そのうちの1頭が私たちに気づいて、嬉しそうにあいさつにきてくれました。みんな一応首輪は付いています（P144～）。

オーナーの女性と、新入りの白い犬。オーナーの右側にいる黒いラブラドールレトリーバーは、前足もうまく動かないようです。誰かがひもを引っ張ると進めるように工夫された補助器具で動き回ることができます。

犬同様に猫も放し飼いです。キャットドームがある室内で涼む猫もいれば、外で日向ぼっこする猫も。この子は窓からひょいと外に。

猫エリアはアトラクションのバリエーションが豊富！　脱出防止のため、上もネットで覆われています。

のうちにぺろぺろ人をなめて愛を伝えることを学ぶといいな。**体はストレスを訴えているのにかわいいしぐさで私たちを笑わせる2頭には、その価値があり過ぎるくらい。**

100頭が放し飼いの自然保護区シェルター

今まで訪問した中で一番強烈な印象のシェルターは？ と聞かれたら、迷わず答えるのが、バルセロナの民営シェルター「フンダシオン=トリフォリウム」(Fundación Trifolium)です。訪ねたアニマルシェルターの中で唯一、**犬をケージに入れず放し飼いにしていたのがここ**で、2つのエリアに分かれた野外に50頭ずつが放されていました。このシェルターは、元気に走り回る犬が印象的で、1頭1頭へのケアや心遣いにあふれた場所でした。

「何十頭もの犬をケージやリードで拘束せずに放し飼いにしている、面白いシェルターがあるらしい」。私が、バルセロナにある大学の動物法と社会研究センターでインターンシップをしているときに出会ったエレナは、「動物法と社会」の修士号を取得したばかり。彼女から、そのシェルターに一緒に行かないかと誘われたのは2013年のことです。

シェルターに来る犬の中には、さまざまな理由で、他の犬と仲良くできない子もいる。問題が起きないように、犬はなるべく別々のケージに入れて、散歩も数メートル間隔を置くのがシェルターの鉄則！　だと思っていたのですが……。そんな既成概念がここで打ち破られます。

海沿いの山道をぐるぐるのぼりながら、運転するエレナが「このあたり一帯は自然保護区なのよ」と教えてくれます。（し、自然保護区にアニマルシェルター？　しかも放し飼いにして問題は起きないの？　そして自然は保護できているのだろうか？）と混乱してきたところで現地に到着。

オーナー夫婦が大金を投じてこの土地を買い、許可を取って自然保護区を管理しつつ、シェルターとしても運用しているとか。それにしても、広い。至る所に生えている見たこともない不思議な植物が、自然保護区であることを物語っています。

車を停めシェルターのフェンスに近づいていく。すると、どこからともなく集まってくる犬、犬、犬！　フェンスの中に入ると「あんた誰！」とばかりに吠えられ、すぐに10頭

坂道をのぼろうとするフレンチブルドッグは、補助器具の重みで何度も坂道をすべり落ちながらもあきらめません。ここの犬は力強い。友人は思わず手を添えました（P148〜）。

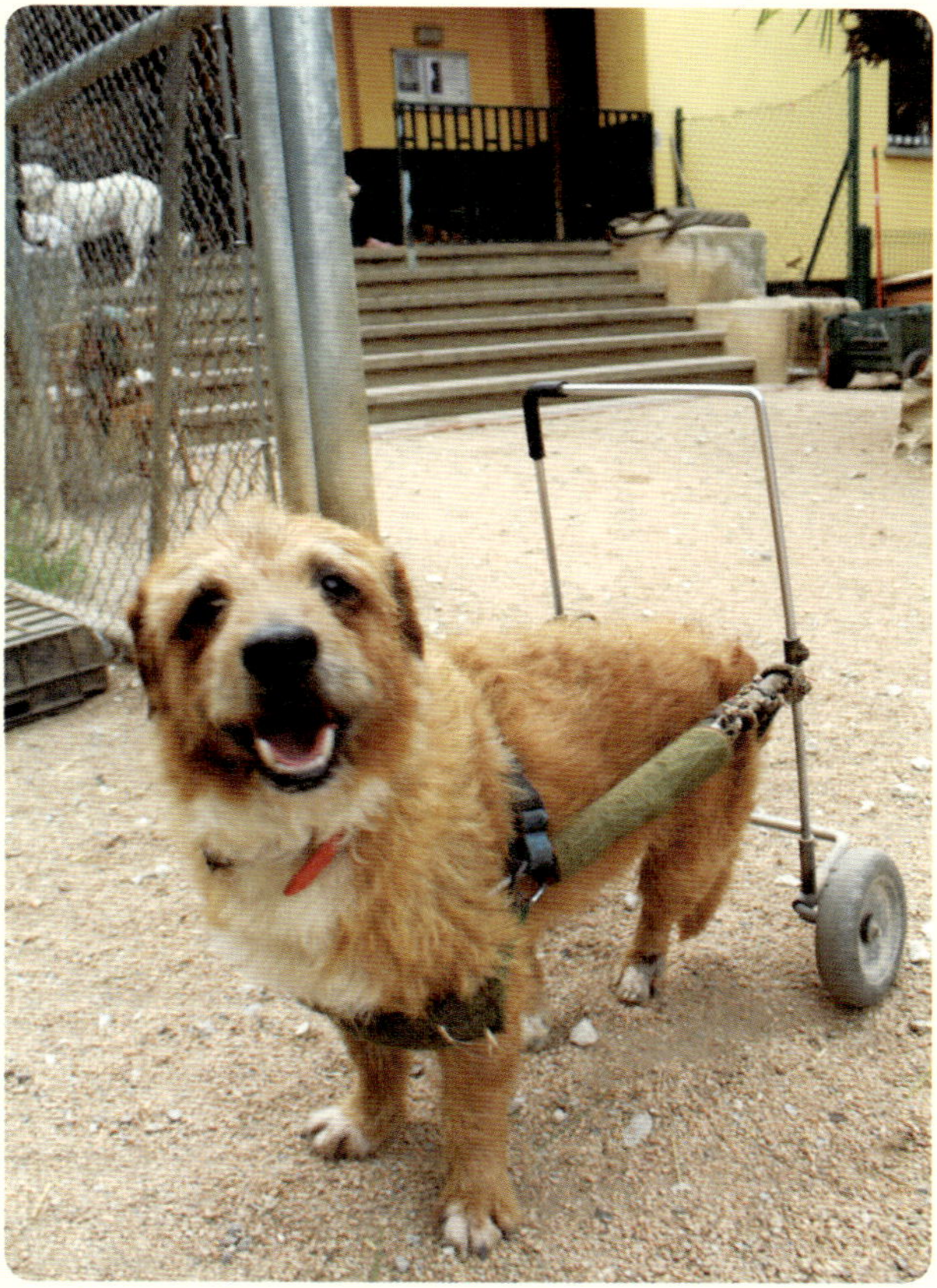

補助器具を付けた茶色い雑種犬。この放し飼いシェルターには、とにかく笑顔の犬が多いのです。

ほどの犬に取り囲まれます。シェルターでこんなに緊張したのは、２００９年に訪問した、重い雰囲気が張りつめていたロシアのシェルター以来です。

けれど、犬は私たちのお尻の匂いをくんくんしたら納得したように態度が一変。安心して今度は「撫でて！　遊んで！」と、ちぎれんばかりに尻尾を振ってくれる。

快適そうな日陰を選んでゴロゴロ寝ている犬や、じゃれ合い方が豪快過ぎて、本気で闘っているのではと見ている人を不安がらせる仲良しコンビ。とにかく元気な犬たちです。他のシェルターなら小さいケージでエネルギーを持て余すシェルターの犬が、ここでは思うままに自分を表現することに驚きます。

離婚後の養育費のようなシステムで運営資金を

しかしここで気になったことがひとつ。**車輪が付いた補助器具を後ろの足代わりにしている犬はぱっと見て5頭、いや、もっといそうです。**散歩中に時折そういう状態の犬を見ることはあっても、シェルターでは初めて見ました。

後ろ足を補助器具で支えられて走り回っている犬はいろいろ。他の犬に劣らず、ずんずん近寄ってきて美しい毛並みに手を通してほしいとせがむ子。お気に入りのテニスボールをくわえて来る子もいる。小さいフレンチブルドッグから、黒いラブラドールレトリーバー、さらに大きい白ミックス犬まで。

「年老いたからといって手放す人も多く、ここにはケアが必要な子が多いのよ」とオーナーの女性。だから、集まった寄付金を1頭1頭のケアに費やす。それがこの、足の役目を果たす補助器具でもあり、必要な子には針治療などもして、ここで1日でも長く、そして質の高い日々を過ごしてもらいたいのだと彼女が続けます（年老いて持病をかかえた犬が多いようには見えないくらい、みんな元気だな）。

聞くと、ここでは、**一般的な寄付金以外の収入源として、元の飼い主から毎月60ユーロ（7800円相当〈2017年4月現在のレート〉）のお金が入ってくるシステムがあるのだと。**さまざまな事情で飼育放棄したいという飼い主から、毎月いくら支払うと確約してもらったうえで引き取る。新しい飼い主が見つかるか、天寿をまっとうするそのときまでずっとです。人間で言えば、**離婚後の養育費のようなものでしょうか。**

チンパンジーを保護するためのサンクチュアリ「MONA」（P162〜）は、2000年につくられました。

敷地に入るとまず見えてくるのはコテージ風のオフィス。見学の前に説明と動画の視聴があり、サンクチュアリが建てられた経緯などをしっかり理解してから中に向かいます。

新しいチンパンジーが来ると、グループに加える前にここで性格チェックなどを慎重にします。暴力的なケンカやいじめが起こることもあるので、いきなり会わせてはいけないのです。

見学中、アフリカと名付けられたチンパンジーが、フェンス越しに私たち訪問者に沿って歩いてきました。向こうに見える木は、高いところが好きなチンパンジーのために置かれたツリータワーです。

「普通の家ではここまでのケアはしてもらえないでしょう。ここの犬は幸せですね」

こんな生き生きしている保護犬を見るのは久しぶりなので、つい率直な感想を言ってしまった。するとオーナーの顔が少し曇った。

「犬は長いこと人と住んできた動物。ここでは頭数が多いから1頭ずつにかけられる時間も愛情も限られている。でもね。やっぱり、温かい家庭で最初から最後まで生きるのが一番なのよ」

と、ごもっともなひと言をいただき、さらにこう付け足した女性オーナーは、かなりのやり手なのでしょう！

「ここよりいい環境で飼ってくれる人じゃないと渡さないけどね！」

年老いた姿を見たくないから、引っ越すから、育てていた家族が亡くなったから、長い旅行に出かけるから……。どんなに人なつっこく従順な犬でも、そんな理由で飼育放棄されることがあります。ここにいる犬たちは、力強く、互いに絆を深めながら過ごしていますが、**やはり犬は人と密接に関わってきた動物。やわらかいソファー、家族のやさしい声、自分に向けられる人のやさしい視線が必要なのですね。**

そんな話を聞いていると、足もとに何かが当たる。「遊ぼう！」とボールを口にくわえて体をすり寄せてくる、補助器具を付けた中型のミックス犬だ。

動物を飼うということは生と向き合うということ。**飼っている犬の最期を受け入れられないならば、命を預かるべきではない**。と、ミックス犬を撫でながら強く思う。気持ちよさそうに私の手に頭を押し付けてくるしぐさを見ていると、心がやすらぎます。

🐾猫エリアがテニスコートの広さ！

このシェルターでの私たちのガイド役は青い目の大型犬。ここに何年もいるのか、慣れた感じの案内ぶりで、長い木の枝を口にくわえてとっとっと歩き、嬉しそうです。

彼にお礼を言ってから猫のエリアに入っていくと、屋外に猫が20匹ほど。子猫が元気に追いかけっこをしています。比較的多いのは黒猫。ツメ研ぎにもなるカーペットを掃除しているスタッフのお兄さんに聞くと、「スペインでは黒猫は不吉だといって人気がないんだよ」とさびしげな顔。こんなにかわいいのにね、と黒猫を抱き上げるスタッフと、短い足をばたつかせている子猫の姿が微笑ましい。

チンパンジーを見下ろすことができる建物。ここでは、野生に近い習性が見られるため、動物行動学者などが研究に訪れるそうです（P162～）。

保護されているチンパンジー、パンチョが虐待されていたことが発覚したときの記事。テレビ CM のスターだったチンパンジーが、立つこともできない高さの狭いケージで飼育されていたことを伝えています。

いっしょに来たエレナの友人が「私のお気に入りはこの子なのよ！」と、このシェルターのアイドル、目が見えない黒ぶち猫の鼻に手をそっと近づける。すると、猫のほうもゆっくりと手の匂いを嗅ぎ始める。ビー玉みたいに透き通った青い目に吸い込まれそう。私があちこち見て回っている間も、その子をずっと撫でている彼女。このように、お気に入りに会いに来るのも、シェルター訪問の醍醐味のひとつです。

フェンスに囲まれたテニスコートほどの猫エリアを見渡していると、目に入ってきたのはフェンスの上の部分に取り付けられた排気口のようなもの。テレビドラマのスパイ物などでは、よく人間が排気口の中を移動していますが、この通路は猫専用。もうひとつの猫エリアにつながっているようで、慣れたようすで行き来している猫を発見。

通路でつながった土壁の小屋の中は夏も涼しそうで、大きい猫が寝転がっています。**自由気ままな猫の習性を存分に発揮できそうなシェルターのつくりに、ほれぼれ。**本気で木登りする猫も、ここで初めて見ました。

半野生な猫たちにお別れを告げてフェンスを閉じると、ガシャッ！と何かがフェンスに飛びついてきました。びっくりしてそちらを見ると、さっきはそっけなかった白黒の子猫が。１メートルくらいの高さまで飛びついて、ミャーミャー鳴き出します。犬派の私が里親になりたくなるのはいつも犬でしたが、この猫はあまりにも縁を感じ連れて帰りたくなりました。

しばらくどうしたらよいかわからずその子を見つめていましたが、アメリカに帰ればホストファミリーの家に犬がいて猫は飼えそうにないことを思い出し、子猫に謝りながら猫シェルターをあとにします。

また別のエリアでは、群れをなした大型犬50頭がスタッフの人になついている姿を目撃。豚、犬、猫など、合わせて約１５０頭の動物に与えるごはんを作るための大きな鍋の前で、ずっと夕飯を待つマイペースな１頭にお疲れさまです、とごあいさつ。**自然公園をそのままシェルターとして使っているので森の中のような雰囲気で、**何度も迷いながら最初のエリアに戻ってきました。

おやつを手にしたスタッフがフェンス際までやって来ると、チンパンジーが集まってきました。フルーツ水をペットボトルに入れて凍らせ、フェンスを越えるように投げ入れますが、これは真夏には喜ばれるそうで、人間と同じですね。チンパンジーは我先にと争うことなく、自分の番を待っています（P162〜）。

オフィスには保護活動に関する情報がいっぱい。MONA の宣伝チラシの横には募金箱も。訪問したときには（2013 年夏）、13 頭のチンパンジーと４頭のサルが保護されていました。

オフィスの建物では、施設の運営を支えるためのチャリティーグッズも売っています。チャリティーＴシャツの色を選んでいるのは、一緒に行ったコロンビア出身の動物法研究者です。訪問した３人でお揃いのＴシャツを買いました！

足に補助器具を付け走り回るフレンチブルドッグ

帰る前に、気になっていたことをオーナーに質問。

「犬同士でトラブルはないの？　個室ケージに入れるよりストレスがないように見えるけど、どうやったらこういったシェルターは実現可能なの？」

すると、ていねいに教えてくれました。

まず、**犬を一緒にするのならば、ストレスを感じないくらい広くなければいけない**。過密状態だと自分の場所が持てなくなり攻撃的になるから。そして、ただ一緒にするのではなく、ようすを見ながら、少しずつ**他の犬と仲良くするように自分で学ばせる**ことが大切。新しく来た犬はしばらく別の場所で健康と性格をチェックし、他の動物に危害を加えないようであれば、注意しながら群れに入れる。ケンカする犬がいたら、両者を離して、口輪を付けることもあるが、落ち着いてきたらまた一緒にするのだそう。

「犬それぞれの性格にもよるけど、そうやって地道にくり返していたら慣れてくるのよ」。

そんなに手間がかかってでも、開放的に、ストレスをなるべくなくすように放し飼いにしているのはすごい……。

さきほどの青い目のガイド犬が私のことを気に入ってくれたようで、近づいて来て体をすり寄せてくる。「この子なんて、先週来たばかりなのに、本当に温厚でフレンドリー。他の犬との適度な距離を知っている頭のいい子で、もうすっかりみんなになじんでるのよ」とオーナー。

「えっ、さっき我が物顔でガイドしてくれたから、3年くらいはここにいる犬なんだと思いました！」と伝えると、オーナーが明るく笑う。「この子は特に順応性が高いのよ。でもやっぱり、こうやって他の犬より人を必要としている感じがわかるでしょ。家族から手放されたばかりだから、さびしいのね」と、ゆっくり背中の毛に指を通すオーナーの手はやさしい（この子は、数時間で、こんなにいい子であることがわかってしまうのだから、きっと新しい家族にすぐ会えるよね）。

どの犬よりも軽快に土の上を走り回るのは、補助器具を付けたフレンチブルドッグ。「この子たちはもう、後ろ足が使えないなんてことをすっかり忘れているようにたくさん走って笑っているの！」とスタッフ。**ほんと、笑ってる。一生懸命生きる彼らを見ていると、生きている瞬間の力強さ、命の重さ、笑顔の尊さを痛感する。**

彼らを捨てた人たちにはこうした学びがなかったのかと思うととても残念で、ここを訪れる人、ここの犬猫を引き取る人は、一生分の宝物をもらえる！　と胸を張って保証したい気持ちでいっぱいになった。

元気をもらえるシェルター、また来たいな！　後ろ髪引かれる思いで帰りの車に乗り込みました。

サーカス、テレビ番組、動物園からのチンパンジーが

キキキ！　と歯を見せるチンパンジーをテレビ番組で見て「笑ってる！」と私は思っていましたが、同じように思う方はどれだけいるでしょうか。

これから紹介する「フンダシオン＝モナ」(Fundación Mona) というチンパンジーサンクチュアリでは、**テレビ番組などのエンターテイメントで使われる野生動物、とりわけチンパンジーの利用について深く考えさせられました。**

京都大学に在学中、霊長類研究所のゼミに参加して、チンパンジーの視覚情報能力の高さを証明した場面は見たことはありましたが、ここのチンパンジーはどんな子たちかな、と気持ちがはやります。

バルセロナ郊外にあるサンクチュアリは、元はサーカスやテレビ番組に使用されていたり、動物園などにいたチンパンジーを引き取って保護しています。13頭のチンパンジーと4頭のサルに与えられているのは、木々が生い茂った600平方メートルという広大な敷地。こんなに広い土地に動物が保護されているのを見たのは、これが初めてでした。

「ここでは、チンパンジーは、広い敷地内のどこにいてもいいのです。だから、訪問していただいてもチンパンジーに会えない場合もありますが、ご了承ください」と聞いてからフェンスに近づいていくと、広いフェンス内の敷地の中で、黒く動くものがあります。こっちをじーっと見ているチンパンジーです。

「今そこにいるボンゴはサーカスから来ました。好奇心旺盛で、訪問客をチェックするのが好きなんです」と、若い生物学者がガイドをしてくれる。

フェンス沿いに土の道を歩いていくと、ボンゴがフェンスを隔てて、私たちについてくるように沿って歩いてきます。

「今日は機嫌がいいみたいですね。ほら、木々を集めて寝床を作ったでしょ。あれはリラックスしている証拠ですよ。あ、今近づいてきたアフリカという名のチンパンジーは、ここに来るまでは、人と一緒の生活をしてきたんです」

アフリカは、密猟者によって違法にアフリカからヨーロッパに連れて来られ、ペットとして飼われているときは飼い主と一緒に歯磨きをして、洋服を着て、テーブルの椅子に座って食事をしていたという。

「手に余るようになってここに連れて来られたときの彼は、自分が人だと思い込んでいて、恥ずかしくって服を脱ぎたがらなかったんです」。それが今ではすっかり「チンパンジーらしく」、服も着ないで、手を地面に付けて歩いている。人のように生活していたアフリカはもういない。

最近、ペットとの付き合い方を勘違いする人が多いと言われます。**ペットを家族として大切にするのはいいけれど、犬も猫も、人間ではない。犬は犬として、猫は猫として扱わなければいけない。**ましてやチンパンジーは野生動物。成長すれば、人の5倍から10倍の力を持ち、凶暴にもなりうる動物。人とみなして暮らすのに限界が来るのは当たり前です。

訪問者がチンパンジーにストレスを与えないためのビデオ

ガイドスタッフのていねいな説明を、みんな静かに、真剣に聞き入っている。訪問者は、カメラのシャッター音にまで気を使っています。静かでやさしい空気が流れていて、なんだか不思議な感覚。このように、**訪問者がチンパンジーにストレスを与えまいと行動する理由は、この施設の「見せ方」にあります。**

ここは人に見せるためではなく、チンパンジーのための場所。施設の案内方法も、私がそれまでに見てきた野生動物の施設とは大きく異なっていました。

まず、到着したらコテージ風のオフィスで訪問者手続きを。ここでは、施設の運営を支えるチャリティーグッズも売っています。今日の訪問者は5人。私以外は、動物法の研究者のカルロス、市営シェルターのベテランボランティアでもあるパトリシア、そしてオーストリアから来たという落ち着いた雰囲気のご夫婦。案内をしてくれる生物学者が、ここにいるチンパンジーとサルの説明を軽くして、このサンクチュアリの経緯や問題意識を説明するビデオを流してくれます。

ビデオの冒頭には、過去にスペインで流れていたテレビＣＭ。普段は違和感を感じないような、むしろ笑いさえ起こるような、チンパンジーを使ったコマーシャルです。チンパンジーが部屋をぐちゃぐちゃにして、トイレットペーパーをぐるぐる回して部屋中ペーパーだらけにして、**最後にキキーッとドアップで歯を画面に見せる。**

そこでガイドさんはビデオをいったん止めて、今の最後の表情は何を表しているでしょうか、と聞く。

「興奮してる顔？」「遊んでいるときの顔？」

何人かがそう発言したあとに、ガイドさんはスパッと言い切りました。

「恐怖心を表す顔です」

チンパンジーは人と似ていますが、人は笑うと歯を見せるのに対して、チンパンジーがそんな顔をするのは何かを恐れているときだそうです。その話を聞いてぞっとしました。どのような方法によってそうした状況を作っているかはわかりませんが、**チンパンジーに**

暴れさせ、恐怖に陥らせて撮ったものを、テレビで流している。それを見て何も感じない人々、いや、私も……。

🐾牛乳が、毛皮が、どんな風に作られているか……

動物問題の難しいところは、一般の人の楽観性にある、という人がいるほど、**人々は動物の「利用」を楽観的に見ています。**

牛乳がどんな風に作られているか。きっと、広い牧場で緑に囲まれながら、子牛がもらう乳を少し人が分けてもらっているんだろう。その牛乳を得るために、**成長しても牛乳を作れないオスの子牛が殺されている**ことも知らず。

毛皮がどんな風に作られているか。きっと、きれいな場所できちんと世話された場所で自然死した動物の皮を剥いでいるのだろう。**生きたまま皮を剥がされる**ケースがあることも知らず。

「きっと」……。

生産性や効率性が重要視される現代社会において、その「きっと」は見事に裏切られることばかりで、**食品や商品のキレイな包装やパッケージに隠れたそのような事実が人の目に触れることはまずありません。**積極的に調べればわかる事実を得ようとはせず、人にも動物にも問題がないと思い込む。その楽観性が、すぐにでもなくせるかもしれない動物問題が続いていく要因だ、とある人は指摘するのです。

ビデオはこう続きます。

「テレビに出演させているうちに大きくなり過ぎて、扱いきれなくなるチンパンジー。そうなると、1日じゅう人目に触れることなく、背を曲げずに立つこともできないような小さいケージに入れられることがある。そんなチンパンジーを発見し、管理者を説得して彼らを保護するところから、このサンクチュアリは始まりました」

ビデオを見ながら、アメリカで一緒に動物法を勉強していたスイス出身の弁護士が言っていたことがふと頭に浮かびます。「僕の国では、動物の尊厳を守る法規定がある」。そのときは、尊厳なんて人以外にも認められる国があるんだぁ、と感心しただけでした。けれどビデオを見て、**狭いケージに何年も入れたままにしたり、サーカスで、チンパンジーが本来着ることがない白いバレエの衣装を着せられて観客の笑いを誘うのは、動物の尊厳を**

侵しているのかな、そんなことを思いました。

ビデオを見終わった後は、みんなが、少し重い沈黙。ビデオを見る前と後では顔つきが違います。「さぁ、それではチンパンジーらしい生活ができているここの子たちに会いに行きましょう！」というガイドさんの元気な声で立ち上がり、見学が始まりました。

ビデオを先に見ているから、そこにいるのは、密猟で母親を目の前で殺されたり、展示施設で生まれてすぐに母親から引き離されて、見知らぬ土地でサーカスショーやテレビなどに使われてきたチンパンジーだとわかっている。だから、**そんな彼らを前に騒いだりして、ストレスを与えようとは誰も思わないのです。**むしろ、ようやく平穏な日が訪れたというのに突然失礼します、という申し訳ない気分。すべてのチンパンジーの姿が見えなくても、森の中で寝ているのかな、木登りしているのかな、と考えると嬉しくなります。「ここには、子どもたちも見学しに来るんです」とガイドさん。子どもたちには少し刺激が強いのでは……と勝手に心配しつつも、感受性が豊かで真っすぐな子どもたちがここで現実を教えてもらったら、すぐに野生動物の不適切な利用はなくなっていくんじゃないかと、希望にも似た想像が私の中でふくらみます。

ここのチンパンジーは、人工的にうまくつくられた広い森で生活するから、動物行動学者が研究できるし、子どもたちも野生に近い行動を見ることができる。過度な動物の利用を見つめ直すこともできる。一石二鳥、いや三鳥じゃありませんか。

独自のチンパンジーの保護や福祉を最優先にしたうえで、人にも寄与する施設の在り方に脱帽です。「今まで見てきたどんな動物園や研究施設よりも、最もチンパンジー目線でつくられていて広くて自然がいっぱい。素敵ですね」と絶賛すると、女性生物学者はこう答えました。「チンパンジーを人の管理下で育てるのは不可能。自然でないのならばすでに理想的な場所にはなりえない」と断言したうえでこう続けます。「けれど、ここの子たちは、人に飼われ過ぎてしまったから、もう野生には帰れない。ここしか行き場がない。だから、少しでもここでの生活の質を高めたいの」

ひとりで全世界を変えることはできないだろう。けれども、1頭の世界を、命を変えることはできる。すべてを変えられないという無力感に打ちひしがれているのではなく、とりあえず動こう、工夫しよう、伝えよう、自分ができることを考えよう。このチンパン

ジーサンクチュアリとの出会いをきっかけに、私もこの本を書きたいと思い始めたのです。

動物保護施設からは、いつもパワーをもらいます。私もがんばらないと、と。

闘牛廃止の法律に尽力した女性弁護士

スペインの最後にもうひとつエピソードを。スペインと言えば闘牛。そんなイメージが過去のものとなる日も近いかもしれません。

スペインの北東部に位置し、バルセロナも含むカタルーニャ地方の議会では、2008年に闘牛を禁止する法律が可決されました。その法律を通した弁護士アナから、「伝統は動物虐待を正当化しない」ということを学びました。

闘牛は、槍や剣で牡牛を徐々に殺してゆくゲーム。闘牛士も危険にさらされるうえ、血を流す牡牛を見て楽しむのは子どもの教育にも良くないということで、カタルーニャ地方では2008年以前から闘牛のチケットがあまり売れなくなっていました。そこで2008年には18万もの署名が国内外から集まり、議会で審議されました。その結果、**カ**

カタルーニャ地方ではもう闘牛は行われていませんが、建物に歴史的文化的価値があるとして、闘牛場の外壁をそのまま残して活用し、現在はショッピングレジャー施設に。屋上はバルセロナの街を 360 度見下ろせるテラスです。

ショッピングモールの中に入ると、巨大な吹き抜けが大迫力。6階建てのモールには、100 を超える店、映画館、フィットネスジム、レストランなどがあり、賑わっていました。

施設内には、闘牛場がショッピングレジャー施設に変身した様子を伝える展示が。1900 年から 1977 年にかけて闘牛が行われていて、2011 年に、ショッピングモールに生まれ変わりました。

タルーニャ地方で闘牛は違法になったのです。

伝統的、歴史的な習慣は、人々の生活スタイルやものの考え方、需要などの変化によって、変容することもあれば消えることもあるのです。これまでもそうでしたし、これからも同じでしょう。

動物への配慮から、動物を傷つけない方法があるならばそれを検討し、移行してゆくというムーブメントが世界じゅうで起こっていて、また、どこの国でもそう進む可能性があるということを感じました。

CHAPTER
6

ケニア

Republic of Kenya

アフリカの野生動物を
密猟から必死に守る

ひとつの印鑑がゾウを絶滅させる？

日本で象牙の印鑑を買うときに、アフリカ、ケニアのゾウが命を落としたことを考える人はどれほどいるでしょうか。

ケニアのゾウは大量に殺され、1973年に約16万頭いたゾウは、1990年には約2万頭にまで激減してしまいました。アフリカ諸国がゾウの猟を違法にし、象牙の取り扱いに対する罰則を無期懲役にしても、買う人がいる限りお金は動くわけで、密猟は止まりません。そして主な輸出先は、アジアなのです。**中国やタイに持ち込まれて加工されたケニアのゾウの象牙は、印鑑となって日本でも売られます。**それを買い求めるのは、私やあなたかもしれない。

野生動物問題と聞くと、自分とは遠いことであり、関係もないし関心もないと考える人が多いかもしれません。実は私も、問題が大き過ぎて、自分のできることはあまりないのではという先入観を持っていました。しかし、1本の象牙の印鑑を買い求めるだけというう、自分のちょっとした行動が世界の裏側で、ある動物を絶滅に追い込むことにつながる現実を知り、日本からできることは何かないか考えたいと、2014年5月、ケニアに向かいました。

そもそも、野生動物問題とは何でしょうか。科学史家の瀬戸口明久氏は、野生動物問題を大きく2つに分けています。

まず、**野生動物が人間と出会う機会が増え、人々の生活に危害が生じている。**土地開発や、温暖化による積雪量の減少によってすみかを追われた猪やサルが人里に出てくる、といったニュースもよく耳にしますが、そういうことから始まる問題です。

次に、**外来種による生態系の攪乱の問題。**外来種とは、もともとその地域にいなかったのに、他の地域から入ってきた生物のこと。

たとえば日本ではアライグマ。農家の畑を荒らしたり生態系を壊したりとの理由で、各自治体はこぞってアライグマの駆除、つまり殺処分を促しています。アライグマの繁殖力は凄まじく、これ以上の被害を食い止めるための方法として、殺処分が行われている。しかし、殺されるアライグマの立場に立ってみると、かわいいペットとして異国の地に連れてこられ、凶暴だといって野に放たれ、挙げ句の果てには捕らえられ、安楽死や、時には溺死などによって殺される……。動物福祉の立場からしたら、それが野生動物問題の最適な解決法だとはとても認められません。

また、行政が意図的に外来種を導入したケースもあります。たとえば、1910年に、ネズミやハブ駆除のため沖縄の自然に放たれたマングースは、沖縄の生態系を崩す存在となり問題となっています。

日本国内でも話題が尽きない、そして国境を越える野生動物問題。壮大かつ困難だらけの問題で、その場しのぎの対処では対応しきれません。**根底に、人が管理しきれない自然への敬意・畏怖と、動物を尊重する態度がなければ、問題はくり返されるでしょう。**

対策としては、たとえば、野生動物の生活圏を害さない限度での土地開発の推進、目新しさなどで外来種をペットとして買うことを控える、などの実現に向かうことです。

そのような、人も動物も尊重する野生動物保護の在り方、そして日本からケニアの動物のためにできることを、現地・ケニアで学びました。

ケニアの決意表明、でも止まらない密猟

世界のどの国でも、発展に伴い野生動物との衝突が目立ちます。しかし**ケニアは、発展途上国でありながら、野生動物保護の先進国。**現在のケニアの野生動物保護の政策と国際的な象牙問題は、深く関わっています。

象牙の多くは、自然に抜け落ちたゾウの牙を使用しているのではありません。頭数が多くなった地域で間引きされたゾウや、自然死したゾウの牙（適切に得た牙）を政府が保管して廃棄している場合もありますが、これは違法にゾウが殺されることを防ぐためです。**ワシントン条約では、基本的に象牙の国際取引が禁止されています。**しかし、密猟があとを絶たない。それを防ぐためには資金が必要ですから、適切に得た牙を高額で売ることを合法にして、その売り上げをゾウの保護に充てるべきだと提唱する人もいます。実際、日本と中国ではそれぞれ、２００７年と２００８年に１回限りという条件で象牙輸入が許可されました。そして日本国内では、法律にもとづいて象牙を加工、販売することは認められています。

しかし、ケニアで野生動物保護に長年関わってきた、検察官、自然保安官、裁判官、動物保護団体の代表は口を揃えてこう言います。

「日本と中国への合法的輸出許可がなされたのは1度だけ。そのときの象牙が7年経った今でも残っているはずがないのに、世界じゅうに〝合法な象牙〟がたくさん出回っている。そしてアフリカでの密猟はとどまるところを知らない」

つまり、一時的な合法輸出入許可が違法な輸出入を促し、現在はどの象牙商品が合法か違法か判別困難な混乱状態になってしまったと。実際、合法的輸出入が行われたあと、密猟及び密輸が激化し、取り締まりが追いつかない状況になっているのです。

世界で象牙の需要が高まっていた1971年には、世界の象牙供給の71%がケニアから。ケニア南部にある国立公園に、1930年代には6万頭いたゾウが、1990年代には1万2000頭に激減。この状況を受けて、**ケニアはいち早く、野生動物を消費する社会から尊重する社会への転換を決めました。**

今でも首都ナイロビの国立公園には、その決意を再確認できる場所があります。

1989年、当時のモイ大統領は、ゾウの密猟ないし象牙の流通、購買を食い止めるために、金銭的価値のある象牙を燃やすというデモンストレーションを行いました。その象牙の灰と石碑がナイロビ国立公園の一角にあるのです。そこへ案内してくれた動物福祉団体メンバーのサムが、「日本と違って、この国では食べるものがなくて命を落とす人が今でも大勢いる。それでも、３００万ドルの価値がある12トンの象牙を僕たちは燃やした」と誇らしげに言います。

その強く固い決意表明は、豊かな国をつくるためにも、人のためにも、ゾウを守ることが重要だと知っているからなのでしょう。それは、**象牙の消費者に対して発信されたメッセージなのです。消費国である日本の人たちにどれほど届いているのでしょうか。まだ届いていないならば、届けなければいけない、そう感じました。**

自国内の猟を全面的に禁止し、野生動物を「見せる」ことで、海外からの観光客を呼ぶ、そのビジネスプランをスタートさせたケニア。しかし、それから20年以上経っても、象牙目的のゾウの密猟は止まりません。

「ここにいるべきではない」トラウマに苦しむ子ゾウたち

絶えず横行する密猟から野生動物を守るケニアの人々の努力を、ナイロビにあるゾウの赤ちゃんシェルターで実感しました。チャリティーで運営されていて、見学する人は5千円払って特定の赤ちゃんの里親になります。そして毎月、その子ゾウの近況メールをもらうことができるシステムになっています。

私も現在、ケニアの子ゾウの遠距離里親になっていますが、遠くにいながらにして特定の動物に親近感が持てる喜びはたまらないと、つくづく実感しています。

知能レベルも高く体も大きいゾウを守ることは、言うのは簡単でも、実際は相当な労力を要します。それを教えてくれたのが「デービッド=シェルドリック野生動物財団」(David Sheldrick Wildlife Trust) という**ゾウの孤児院です。親が密猟者に殺されて群れからはぐれた、などの理由で保護された31頭の子ゾウ。**3年間ここで世話したあとで野生に戻すのですが、28人のスタッフがシフト制で24時間ゾウの世話をしています。

夕方にゾウの赤ちゃんにミルクを与えるところを見学できるというので、それまでサバンナをたくさん歩き、サッカーをしたりして遊んで帰ってくるゾウを待ちます。「ゾウによってはフレンドリーに近づいてくるから触ってもいいけど、歯が鋭いから口には手を入れないように。あとゾウの個室には入らないでくださいね」と説明が。

やがて、遠くに広がるサバンナから列になって来るわ来るわ、ゾウの赤ちゃん！ 体高130センチほどのゾウが、まるで幼稚園児が手をつないで歩くように、前のゾウの尻尾を鼻でつかみながら進みます。スタッフのあとをついて続々と、私たちの前を通って木造の個室に入っていく。プロジェクトマネジャーのエドウィンさんが1頭1頭ゾウの名前を説明してくれるのですが、その声も耳に入らないくらい夢中で、砂ぼこりを立てて進む目の前のゾウの赤ちゃんに目を奪われる。

社交的な動物であるゾウは、群れで生活し、家族の絆が強い。**母親を目の前で殺されて、顔面をえぐられるように牙を取られる、その光景を前にした子ゾウは、トラウマに苦しみます**。そこで、このシェルターに来た1歳にも満たないゾウには、スタッフが同じ部屋で一緒に寝ます。スタッフの休みは、保護されているゾウの頭数によって左右されるとのことです。

帰ってきたらまずごはん！　食事の手伝いをする中、器用に鼻を使ってミルクを飲みます。ゾウ1頭にスタッフがひとりずつ付き、屋外と室内に個室があるという充実ぶり。

ナイロビ国立公園にある、燃やされて灰になった象牙。説明板には、ケニアのモイ元大統領のこの言葉が。「偉大な目標の多くは、大きな犠牲を伴うものである。私は、世界じゅうの人が象牙の貿易から退き、ケニアに参加表明してくれるよう呼びかけたい」。

木の大きな枝が目の前に置かれると、豪快に口に運んで美味しそうな表情に！　たくさん歩いてお腹がすいていたのでしょう。

ゾウの赤ちゃんシェルターの子ゾウは、サバンナで日中運動し、日が暮れる前にシェルターに戻ってきます。キレイに1列になりゾロゾロと目の前を進む姿は圧巻。子ゾウとはいえ、体高が私の背丈ほどのゾウも。

写真―下2点　Rachel Sekine Tenny

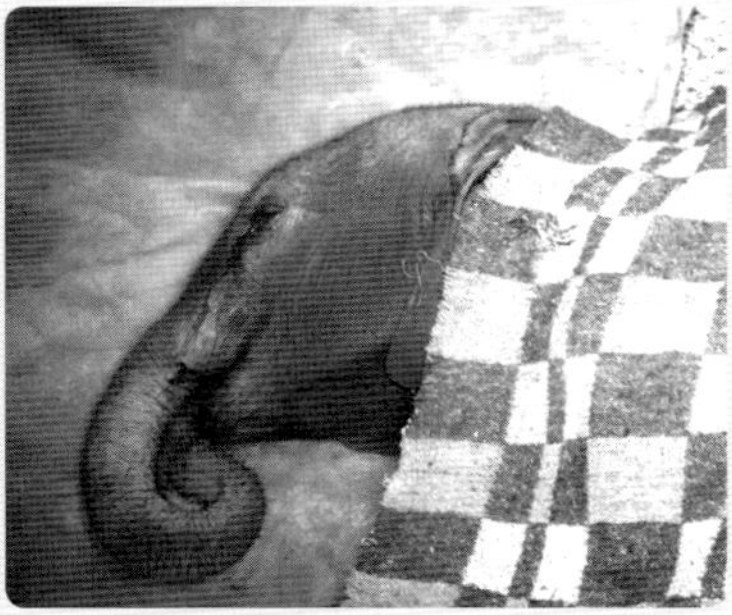

ブランケットをかけてもらって眠る赤ちゃんゾウ。わらの上に敷かれたクッションを枕代わりにしています。

食べ終わったゾウは、スタッフから追いたてられることもなく、並んだ屋内の個室に入って眠りにつきます。

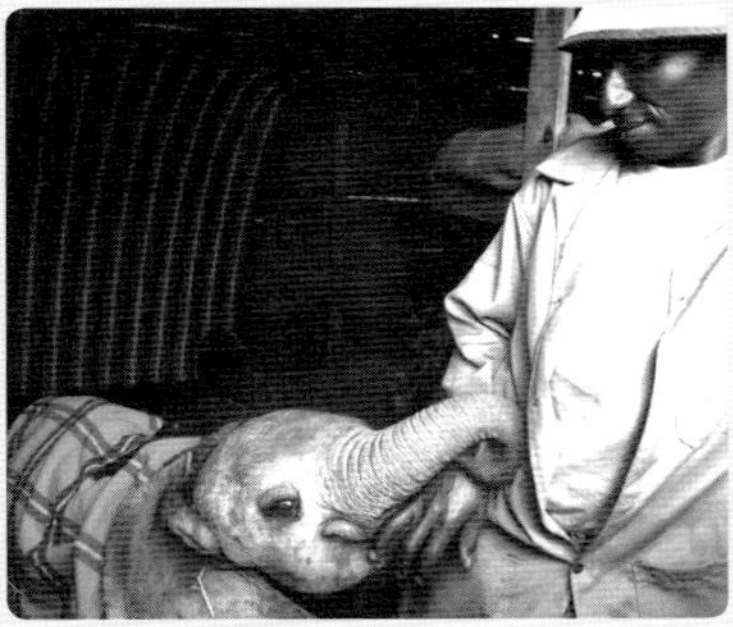

スタッフのピーターさんに甘える、1歳半のゾウの女の子アシャカ。歯もまだ生えていない3週齢の頃、群れからはぐれて沼にはまっていたところを救助されました。隣の個室の女の子ゾウと親友同士です！

個室から顔を出しバケツの水を飲む赤ちゃんゾウ。各個室には、名前、性別、生年月、保護された場所の表示が。もうすぐ2歳のこのゾウは、ナイロビから車で4時間、キリマンジャロのふもとに広がるアンボセリ国立公園で保護されたことがわかります。

ゾウが自分の部屋に入り終わると、1頭にひとりずつスタッフが付き、ミルクを与え、草を食べるのを見守るという、手厚いケア体制。いたずらっこのゾウが隣の部屋の草を長い鼻で奪ったり、ケージの前に設置された大きな水桶から鼻で水を吸い込んでは床に落として遊んだりする微笑ましい光景は、ずっと見ていても飽きません。

小屋の中のゾウを1頭1頭ゆっくり見て進んでいくと、ある個室にはゾウがいません。あれ、ここはスタッフさんだけなのかな、と思って背伸びして部屋の中を覗いてみると、床に小さいゾウがブランケットをかけてもらいすやすや眠っていました。その姿を発見した他の訪問者も、目を細めて顔をくしゃっとさせています。

私が、ストロボが光らないように、そーっと寝顔の写真を撮ろうと腕を伸ばして苦戦していると、スタッフのピーターさんが、撮ってあげるよと。やさしい！　お言葉に甘えてカメラを渡すとストロボが光って、赤ちゃんゾウのアシャカが起きてしまいました。すると、ぐるぐるとケージの中を回り、おしっこをして、カーテンをくぐって遊びだします。

慌てて謝ると、「この子はすぐ寝るから大丈夫」とピーターさん。そして、ゾウの赤ちゃんたちは、スタッフを母親と思って甘えるんだ、と言います。彼は、アシャカの横に行きやさしく撫でています。私が、ひとりと1頭の邪魔をしないようにケージから少し距離を置いて見ていると、アシャカがピーターさんの腕に鼻を巻き付けて甘えだしました。

ゾウと家族になれるとは、なんて微笑ましく羨ましい関係。しかし、「この子たちはここにいるべきじゃないんだ」と話すピーターさんの、切ないけどやさしい眼差しにハッとさせられます。本来は、赤ちゃんゾウの家族は今も元気でいて、一緒に野生で生きていくべきだった。目の前で殺戮を見る経験もなく、人を母親代わりに持つ必要もなかった。長く一緒に過ごし、尽くしているピーターさんだから出るその言葉が胸に突き刺さります。そしてあらためて、**象牙産業に終止符が打たれることを強く願いました。**

見学時間が終わりに近づき、15年間ここで働いているエドウィンさんにシェルターで働きだしたきっかけを尋ねます。最初は仕事を探していてたまたま来たけれど、2、3年で人生の生き甲斐になったと言います。働いていて悲しい瞬間は、幼いゾウがシェルターに運ばれて力なく落ち込んでいる姿を見ること。逆に、嬉しい瞬間は？　という最後の問いには、「やっぱり自然保護区に戻すときだね」と微笑んでくれました。

その後2週間ケニアに滞在し、他にもわかったことがありました。それは、密猟者やその後ろに控えるアジアの消費者がケニアから野生動物を奪っていく構図は、ゾウに限ったことではないということ。

アフリカで、ゾウと並んで急激に減っているのはサイです。近年、東南アジアではサイのツノは健康によいと大人気で、1キロ4万ポンド（約550万円〈2017年4月のレート〉）もの高値で売られているとのこと。これは、金より高い価値ということになります。しかも、**医療的効果は科学的になんら証明されていないにもかかわらず……。**

ツノの需要と比例して密猟が増え、1970年代に2万頭いたケニアのサイは、1990年代には400頭に激減しているというデータも。そうした現状を受け、私が訪ねたオル=ペジェタ（Ol Pejeta）という自然保護区では、サイを密猟から守るための対策が講じられています。

サイを密猟から守る「4つの盾」

豊かな生態系が残る村々を通り、4時間車を走らせます。途中、車道両端にマーケットが並ぶ街でバナナを買おうとした瞬間、10人ほどのバナナ売りの女性から車を囲まれたりしながらも、道なき道をガタガタ進み、自然保護区オル＝ペジェタにようやく到着。

面積350平方キロメートル、**琵琶湖の半分以上という広い敷地で、野生のゾウ、サイ、ライオン、バッファロー、シマウマ、キリンなどに出会えます。**しかし、自然保護区となっているここですら、サイは密猟者から狙われるのです。保安官から、サイが殺されないために設定している、4つの盾について説明してもらいました。

まず1番目は、**「住民（コミュニティー）の目」です。**オル＝ペジェタの自然保護担当官は、自然保護区の周辺に住む住民の理解を促し、寄付金を使って生活面、健康面、教育面で支援することで、オル＝ペジェタの自然から恩恵を受けているという感覚を与えて、**野生生物犯罪をみんなで監視している**のだと言います。

なんだか聞いたことがあるような……。そう、他国と比べても安全だと言われる日本では、ご近所の目が犯罪防止に大変役立ってきたと言われることがあります。元来、ひとりひとりの権利より地域社会のつながりが強い日本と、コミュニティー内のつながりが強く、独自の文化やルールもあるケニアには、似ている部分が多いのかもしれません。

オル＝ペジェタで守られているサイ。サイのツノは、髪の毛や爪と同じように伸び、適切に切断すれば痛みも伴いません。そのためここでは、密猟者から狙われないように、ツノを事前に切断しています。

密猟者対策のパトロールから戻る途中の、保護区のレンジャー。密猟者が現れると銃撃戦になることすらある、命がけの仕事なのです。

密猟者がいないか目を光らせるために設置された監視塔。張り巡らされた「警備システム」のうちのひとつ。

そして2番目は、**「警備システム」**。オル＝ペジェタには**電気フェンスや監視カメラ**が設置されています。約350平方キロメートルの敷地を囲んで張り巡らされた電気入りのフェンスが、動物を自然保護区にとどめる役目を果たします。しかしこのフェンスは動物には人里に出ないようできるものの、密猟者の侵入防止にはあまり効果がありません。対策を立てれば乗り越えられてしまうのです。

また、夜は視界が悪く密猟者に狙われやすいため、夜間の厳重警備、フェンスのモニターチェックを徹底していますが、視界が限定されてしまうビデオカメラよりも、地域の人の目のほうがよっぽど野生動物犯罪を防ぐ、と保安官。

3つ目の盾は、**「サイのパトロール」**です。ここには3頭の「キタシロサイ」がいますが、その種は絶滅寸前のサイで、世界に残るのは5頭のみ。その種を守るために、保安官が交代で、24時間サイのあとをついて歩き、守ります。他の27頭のクロサイにも1頭ずつ名前が付けられていて、パトロール隊が安全に生活しているかチェックして回ります。

最後の4つ目は、**「非常時の助っ人」**。非常時には飛行機での旋回パトロールも行われ、サイの足跡を追うための追跡犬もいます。このように、オル＝ペジェタでは、**4つの盾がサイを守っているのです。**

密猟に対して日本にできることは何か？

しかし……と保安官の話は続きます。「このような厳重警備がなされても、２０１４年春、１頭のサイが密猟者によって銃殺され、顔をえぐられるようにツノを取られました。サイの群れは、母親が殺されると混乱状態に陥る。だから密猟者は母親を狙うのです。母親を撃たれて、子どものサイは何日も顔をなくした母親の周りをぐるぐると回り、寄り添って寝ていました」。

保安官はさらに続けます。「密猟者は、ツノのためならばパトロールしている保安官を撃つことすらあるし、どんなことでもする。ツノの需要がある限り、サイは安全を脅かされたままなのです」。

サイを密猟者から守る５つ目の盾は、ツノを買わない、という海外の消費者の選択と言えるかもしれません。そして、困り果てるアフリカ諸国相手に、消費国や関連諸国が知らんふりをしていては、問題は解決しません。密猟を止めるには、現在のケニアのように輸出国の輸出禁止を徹底する態度、そして輸入国がアメリカのように輸入規制を徹底させることだと、現場の声を聞きながら思いました。

次に訪ねたのは、「ケニア野生生物公社―KWS」(野生動物犯罪を取り締まる管理室)です。検察官のカトーさんに、アジアの人々にできることは何か?　と尋ねたところ、静かに話し始めてくれました。

「JICAなど日本の団体がケニアの発展や健康、教育をサポートしてくれていることはおおいに感謝している。けれど、アジアにおける象牙の消費が、ケニアでの密猟を促し、その犯罪は、他のあらゆる犯罪とも深く関連し、助長しているということに気づいてほしい。本当にアフリカの健全な発展を望んで助けてくれるならば、まずは、犯罪の根源を作らないでほしいんだ」

そう、近年、**野生動物密猟という犯罪を重要視する気運が世界で高まっている理由のひとつに、密猟がテロリスト集団の財源になっている可能性があるのです。**そもそも、野生動物や自然保護区の保安官を殺すために必要な銃等の武器は、他の犯罪にも使えます。

テロ対策の一環として、アメリカのホワイトハウスは2014年、国内における象牙の売買の規制を強化し、象牙の消費を控えるようにとの声明を発表しました。象牙を最も消費しているとされる中国でも、密輸入され没収された象牙を燃やして象牙消費のモチベーションを下げるという公的なイベントが行われました。

「アジアの一国でもある日本も、政府が象牙を輸入ないし消費をしないと宣言し、他のアジアの国にプレッシャーを与えてもらいたい。そして消費者に対しても、象牙消費の残酷さや世界秩序を脅かす危険性を伝えることで、象牙消費をなくしていってほしい」

カトーさんが続けた、切実なこの言葉。そうです、アジアでできることはたくさんあります。国境を越えた野生動物問題もあれば、案外身近で日本にも共通するような課題も、ケニアで見つけました。野生動物をどのように残してゆくか、野生動物を動物福祉の問題なく管理することは可能なのか、という命題です。

キリンとのキス、それっていいこと？

エコツーリズムという言葉を近年よく見かけます。環境保護と観光を両立させようというエコツアーは、日本でも1990年頃から始まり、自然環境（たとえば屋久島や小笠原）の保全に配慮しながら、観光地の地域社会の活性化に良い影響を与える、という理念を持つ。海外で自然や野生動物を見たいという人も多いようです。

しかし、**このエコツーリズム、お客さんを楽しませるという観光ビジネスの面と、自然**

やそこにすむ生物を守るという環境保全、双方のバランスを取ることは簡単ではなさそうだ、とケニアで感じました。特に、独自の生活習慣の中で感情を持って生きている野生動物に関しては、野生の状態を保ったままで観光客と触れ合わせることは可能なのか。動物がストレスなく過ごせる環境を整えることは難しくないのか……。

そんなことを多角度から考えた、「キリンとチンパンジーを保護する施設案内」というエコツーリズムについて述べていきます。

閑静な住宅地が並ぶナイロビの一角に、キリンを保護しているキリンセンターがあると聞き、まずは向かいました。約0・08平方キロメートルあるセンターでは、野生のキリンの数を維持するため、1度に10頭ほどの若いキリンを保護して繁殖させ、3年したら隣にある0・4平方キロメートルの自然保護区に戻しているとのことです。教育に力を入れているセンターには、学校からバスで子どもが訪ねてくるなど、週末には200人が訪れるといいます。

自然が大好きだから守るんだと話すスタッフの方の笑顔に迎えられながら、**絶え間なく訪れる観光客の方々が、キリンに触れたり騒いだりしているのが気になる。**なんだか違和感……。家で飼っている最愛の犬や猫と同じくらい近くに野生動物がいて、自由に触れられるとしたら、それは野生と言えるのだろうか、そんな問いが頭をよぎりました。

よく晴れた日だったので帽子を深くかぶって車から出ると、看板とかわいい小屋が見えました。小屋の窓口で受付を済ませて木製の小さいゲートを通ると、テニスコートほどの何もない土地に、スタッフがボウルに入ったキリンのエサを手に笑顔で待っていてくれました。その先には1メートルほどの柵があり、向こう側にいる2頭のキリンが首を出しています。キリンに見とれていると、手を豪快につかまれ、キリンのエサを両手いっぱいスタッフの方が持たせてくれました。「え？　これどうするの？」とスタッフに聞くと、キリンにあげていいよとウインク。

そのスタッフ、サイモンさんはここで働き始めて2カ月で、センターでの仕事が大好きだと言います。毎朝、自然保護区をパトロールし、できるだけ自然のままの状態にしておくために、プラスチックのゴミなどが落ちていないかを見て回ります。キリンセンターのような「見せる」施設は、将来の経済発展につながってゆく、と意気込んでいました。

キリンセンターの受付窓口とショップ。入場料約 1000 円、学生は半額です。キリンをかたどった文字がかわいい。

入場するとすぐに、キリンがすぐ近くに現れます。

キリンのエサをくわえて近づくと、キリンが首を伸ばしてエサを食べてくれるのです！　４頭が集まってきました。専用のエサは固形で２センチほど。

どこまで近づいていいのかと私がオロオロしていると、キリンのほうから首を伸ばしてきてくれました。動物の中でキリンが一番好きな私は、エサを与えながらついつい笑顔になってしまいます。

ふむふむ、素敵ですね！　と話を聞いていると、サイモンさんが、何をしてるんだキリンにエサをあげたくないの？　と言って、口にエサをくわえてあげたらキリンとキスができるよ！　とレクチャーしてくれます。

え、キス!?　したいようなしたくないような……というのは私の気持ちの問題ですが、それ以前に、それはキリンにとっていいことなのだろうか。犬猫のようなコンパニオンアニマルとは異なり、キリンは野生動物。野生動物という言葉には、人間社会と自然を区切る概念が含まれています。つまり、ときには人間とやり取りする機会があるとしても、人間から離れた存在だからこそ「野生」なのだという側面があるわけです。

そんな動物が人とキスするほど近づいて、慣れてしまっていいのだろうか？　たじろぐ私に素直にレクチャーしてくれるサイモンさんには感謝しつつも、うーん難しいなと言いながらなんとか回避。しかし隣を見ると、いつの間にか集まって来た4頭のキリンが他の観光客とエサを食べながらキスしています。

センターへの訪問を楽しんでもらいたいというスタッフの方々の気持ちもわかるし、そうしたサービスがあってこそセンターへの訪問者も増えるのだろう。私自身、大好きなキリンをすぐ近くに感じると、満面の笑みになってしまう。けれど、**あくまで野生生物であ**

るキリンにとってはどうなのかというモヤモヤはぬぐえない。

数日後、少し離れた別の自然保護区で出会ったキリンは、人の姿を見てピタッと止まり、隙を見て木の間に消えていきました。そのとき、野生生物らしいキリンもまだケニアにはいるんだなと、なんだかほっとしてしまいました。

自然環境を保全するのがエコツーリズムならば、野生動物と大勢の不特定多数の人間との距離が近過ぎる環境は、やはり改善の余地があるのではないでしょうか。

現在、野生動物問題の解決を目指し、人間の横暴から守るために、人間の自然への介入を余儀なくされています。個体数管理などがそれです。

しかし、**自然というからには、人とある程度隔離された存在として野生の姿が保たれるべきだと考えます**。もっと言えば、自然を利用するのではなく守るのであれば、動物にかかるストレスや、よりよい環境を保護するという試みは必要になってきます。

自然や動物に負担をかけない観光は、観光客の心掛けひとつでも変わってくる。次に訪ねたチンパンジーサンクチュアリでは、そう強く感じることになります。

チンパンジーサンクチュアリで感じた2つの痛み

ケニアで唯一のチンパンジーサンクチュアリは、霊長類研究の先駆者、ジェーン・グドールの働きかけで、1993年に、オル＝ペジェタ自然保護区の一角に建てられました。21名のスタッフが働いていて、最大200頭収容可能、1平方キロメートル以上の土地に現在は39頭のチンパンジーが保護されています。

ここでは、チンパンジーがこのサンクチュアリに来た理由と、ここでのチンパンジーの心の平穏のレベルに切なさを覚えました。

ケニアに生息しないチンパンジーが、なぜいるのか。それは、アフリカの内戦で行き場をなくしたチンパンジーを保護するために、オル＝ペジェタの広い土地が選ばれたからでした。ほとんどは戦争の被害にあった子たちなのですが、他にもさまざまな理由で来たチンパンジーが集まっています。施設を歩いていくと、ところどころに標識が立てられています。そこに記された、チンパンジーの家族やすみかを奪う人々の行動が、胸にずきんと痛みを残します。

「僕たちは戦争難民です。戦争をやめてください！」
「私たちの親は、食用になるために殺されました」
「僕たちの木を切れば、僕たちも殺されてしまうんだ」

高いフェンスの向こうに目をやると、背中を曲げながら伏し目がちに立っているチンパンジーが気になります。１９９４年に保護されたというチンパンジー、ポコは、立っているのに座っているような体勢が、他のチンパンジーとは異なります。案内人のパトリックさんに、ここに来たきっかけを聞きました。

ポコはルワンダの戦争で傷つき行き場をなくし人の手に渡り、**９年間、ガソリンスタンドの客寄せのため小さいケージに入れられていたそうです。**以降、そのケージの高さに骨の形が変形してしまい、ずっと同じ体勢でしかいられないとのこと。その話を聞きながら、私を見つめ返すポコのキレイな目に、胸が締め付けられます。戦争で野生動物がすみかを奪われた。言葉にするのは簡単だし、聞き流すのも簡単。けど、実際その１頭１頭を目の前にすると、遠い話とは思えなくなります。人間のためにも当然ですが、動物のためにだって戦争は起こしてはいけない、絶対に。そんな思いが強く湧き上がります。

自然保護区の一角にある、チンパンジーサンクチュアリ。フェンス越しにいるチンパンジーを挑発して遊ぶ観光客をスタッフが注意しています。

ここには、ケニア出身のチンパンジーはいません。周りの国からの避難所としてケニアが選ばれたのです。1993 年以降アフリカ大陸各地から傷ついたチンパンジーが集まります。

写真ー右ページ下・左ページ右上・左下　Rachel Sekine Tenny

高くなった台からチンパンジーサンクチュアリが見渡せます。スタッフと動物法弁護士ワシェリが、飛び回るハチを手で払いながら会話していました。

訪問者が挑発したとき以外は、どのチンパンジーもとても穏やかな印象でした。

おやつをもらったあと、森の中に帰ってゆくチンパンジー親子。おんぶされている様子はまるで人ですが、木の上で過ごすのが落ち着くようです。

メッセージボードが見学の道の途中のところどころに。すみかを奪うことは、チンパンジーの命を奪うこと。たとえば、近年パームオイルの大量生産によって生態系が崩され、チンパンジーも絶滅の危機にあるのです。

そのとき、いきなりギャーギャーと異様に甲高い声が聞こえてきました。何ごとかと私たちのグループが歩調を速めて声のするほうに進むと、15人ほどの観光客グループが、フェンス内のチンパンジーをはやしたてるようにふざけ、声を出し笑っていました。興奮したチンパンジーがキャーッと歯を見せています。パトリックさんがそのグループに静かにするように注意し、私と一緒に訪ねた動物法弁護士は、ただ呆然としてしまいました。

この出来事は、2つ目の心の痛みでした。**心身ともに傷を負ったチンパンジーが、人との交流によって、恐怖心や警戒心を示す表情をしているのを見ては、私の心も平穏でいられなくなります。**

ここは動物園とは異なり、1平方キロメートルもあるフェンスに囲まれた広い土地なので、チンパンジーは木々の中に身を隠すこともできます。しかし、サンクチュアリに来てもらって1頭も見せることができなかった、というのでは観光客を呼べない。そうなれば入場料という収入源がなくなって、そもそもチンパンジーのケアはできない。そこでここでは、スタッフがおやつをフェンス際で与えることで、チンパンジーが観光客の前にとどまるようになっています。

詳しい説明もなく、まず案内されるのはチンパンジーがいるエリア。積極的にスタッフの人にチンパンジーがここにたどり着いた経緯を聞かなければ、知ることもないまま、チンパンジーに会えてしまいます。

一方、バルセロナで訪ねたチンパンジーサンクチュアリでは（P162〜）、最初にビデオを見せるなどして訪問者にチンパンジー保護の趣旨を理解してもらっていました。導入のやり方によって、訪れる人の意識と行動は全然違ってくるものです。

野生生物やキレイな自然を見せることによって観光客を呼び、その収益によって動物や自然を保護するエコツーリズム。人への見返りなしで動物や自然を守ることが難しい現代では、エコツーリズムは一種の理想的な方法とも言えます。しかし、**観光客を呼ぶために動物にストレスを与えたり、本来の動物の野生の姿を維持できないのなら、それはその場所を訪ねる人にもいいことと言えないのではないでしょうか……。**

このチンパンジーサンクチュアリのような場所が、傷ついた動物が人から騒ぎたてられる場所ではなく、動物に平穏な日々を与え、人間の犠牲になる動物をこれ以上増やすまいと訪れた人に思わせる場所になってくれることを願います。そうなれば、ポコがルワンダを追われてケニアに行き着いた事実も意義深くなるのです。

🐾トゲに刺されながらの「密猟ワナ探し」

ネズミ捕りは、ネズミが来そうなところにワナを設置します。それと同じように、**キリンやシマウマをつかまえるために、サバンナのあちこちに今日も密猟者はワナを仕掛けています。**それを回収するボランティアに参加しました。ナイロビの中心から車で40分のマチャコスのサバンナでは、3年間でなんと5000個ものワナが回収されたといいます。

気温が何度か気にするのをあきらめるほどの炎天下、ジープの助手席に乗り込みます。牛飼いが牛に食べさせる草を求めてサバンナへと歩く姿を横目に砂ぼこりが立つ道を進んで着いたサバンナが広がる土地は、お金持ちの政治家が丸ごと持っているとか。私有地ですが、柵も簡易なもので誰でも入れるよう。その場所で、6名のレンジャーと合流。レンジャーとは、密猟を防ぐために自然保護区をパトロールし警備する人たちです。しかしここでの主な仕事は、密猟者が仕掛けたワナを取り除くこと。

野生動物の密猟は、ツノや毛皮を得るためだけではありません。**資源が少ないアフリカでは野生動物を食べるために密猟する犯罪があとを絶たないのです。**物珍しさで先進国のお金持ちに輸出されることもありますが、規制が厳しいようです。

地元の人にとっては、家畜である牛や豚と異なり、野生動物は食用として人気がないため価値は高くない。違法にシマウマやキリンを殺して街のホテルなどに売っても少額にしかなりません。よって、それを、**地元の人たちに家畜の肉だとウソをついて売っているとのこと。**生活の術がない人たちは、森に入りワイヤー1本で作れるシンプルなワナを仕掛け、かかった動物の死体を数日後に回収しにきます。

その対策として、動物福祉団体「ANAW」のレンジャーたちは、放置された私有地サバンナをパトロールし、仕掛けられたワナを取り除いて回っています。しかしこれがいたちごっこのゲームのよう。広い土地を歩き回りやっとの思いで回収しても、次の日はその場所にまた設置されることも。しかしパソコン画面上のゲームと違うのは、1日でも回収が遅れれば、動物の命が奪われるということ……。

サバンナの植物は、多種多様な動物に食べられないように強くたくましい。その結果、人が歩くと足は棘だらけ。メッシュ地のスニーカーに刺さり、靴下を通り抜け、足が痛くてさっさと歩けない。広い範囲をカバーするために、私たちのグループを含めた15人が

ワナ探しに出発する前に、揃った参加者にレンジャーから説明が。ワナの見本も見せてもらい、見つけるコツを教えてもらいます。

できるだけ広い範囲を一気にカバーできるよう、歩く際にはひとりひとりの距離をとって。密猟者は、回収率を上げるために動物がよく通る場所にワナを設置するので、けもの道のように見えるところは注意深くチェックします。

写真ー右ページ上・下、左ページ右下・左下　Wachira Benson Kariuki
写真ー左ページ右上・左上　Natasha Dolezal

仕掛けられたワナはペンチで取り外します。見つけたワナを手に持つクラスメイト。

ベテランのレンジャーの先導のもと、ワナがよく発見される場所に向かうと、辿りついた場所で足もとにワナを発見しました。

ベテランレンジャーのベネディクトさんが、私が質問して聞き取れなかった答えを書いてくれました。

見つけたワナを手に歩いていきましたが、ワナにかかった動物の姿を確認したこともあって、みんな口数が少なく……。

約2メートル間隔で横1列に並び、歩調を揃えて進みます。だんだんけもの道に入り、生い茂った木々が邪魔して隣の人が見えなくなります。同行した教授で、明るくて大好きなナターシャが、「モエー！　どこー!?　大丈夫ー!?」と大声で聞いてくれます。ただでさえ土地勘がなく、虫が苦手で、奇声を上げて迷惑をかけている私。申し訳ないので、足の痛みはぐっとこらえて歩いていました。

痛みって慣れてくるものなんだな、と思い始めた頃、このあたりの野生動物が向かう場所（つまり密猟者が狙う場所）に最も詳しい、杖をついたベテランレンジャーのケネカさんが「ホットスポット」と呼ぶ場所に着きました。すると、左手のほうを歩いていたレンジャーが、パンパンと2回手を叩きます。これがワナを見つけた合図。そこで、そちらの方向へ降りていくと、ありました。土手を降りる動物を仕掛けるためでしょう。動物の通り道で、草がなくなっている部分に、**ちょうどシマウマなど草食動物の首にはまる高さに仕掛けられたワイヤーは丸く曲げられています。**レンジャーから取っていいよ、と言われ、枝に取り付けられたそれをゆっくりはずしました。そのエリアでは5つのワナが見つかりました。

動物がかかる前で本当によかった。そう思った矢先に、少し進んだ先でクラスメイトが顔を手で覆って立ちすくんでいました。まさか……駆け付けると、低めの木の間の草を食べに来たと思われるインパラが横たわっていました。おそるおそる覗くと、目を見開いたまま息を引き取ったインパラの顔と、首にきつく巻き付いている例のワイヤーを確認しました。ＡＮＡＷのスタッフは、「怖かったのだろう、暴れて糞尿をした跡がある」と悲しそうにつぶやきます。首に深く食い込んだワイヤーをレンジャーが取り外し、ハイエナなどが食べに来るからと、少し離れた所に死体を移動させてから場を離れることに。ちなみに、**仕掛けたワナのあたりにレンジャーの足跡があると、つかまることを恐れて密猟者は近づかないそうです。**

一気に口数が少なくなり、ワナがないか黙々と目を光らせながら別のルートを進み、解散となりました。歩きながら、ひどいときには、６人で１日に３７８のワナを回収した日もあったとレンジャーのベネディクトさん。そんな努力があってこそ、この土地にはまだ動物がいられるのです。

簡単に作れて何度も使い回しができるワナを仕掛ける側と回収する側、いたちごっこのようですが、近年回収の成果が表れ、ワナの数が減っているとのこと。自分が食べる分だけではなく、金銭に換えるために大量に密猟され、数が減る一方の野生動物。**絶滅を食い止めるため30年間レンジャーとしてサバンナを歩き続け、今年で引退するんだと話すベネディクトさんの目は、やさしく静かでした。**そしてジープに戻り、サバンナを走ると目に入ってきたのは、ジープに驚き走り去るインパラの姿。子どももいるその群れの後ろ姿は、いきいきとしていました。

ゾウには広大な土地が似合う

ゾウはおとなしくて大きい。そんな印象とは違ったゾウとの出会いが、ミャンマー動物園と、ケニアのサバンナでありました。これまで、人の管理下にある動物を見ることが多かったのですが、やはり野生動物には、野生の環境、本来のすみかが一番似合っていると感じる、2つの体験でした。

2012年の春、大学の卒業旅行で友人3名と行ったミャンマー。動物好きが集まったので、やはり動物を見に行こうということになりヤンゴン動物園へ。小さい頃は喜んで行っていた動物園ですが、ここ数年、足が遠のいていました。**多くの野生動物を本来の自然環境と異なる場所に置いているという理由**からです。けれど、これも勉強だと思い足を運びました。そこで見たのは、蒸し暑いミャンマーの暑さに疲れきったハリネズミやペンギン。また、小さくて緑が1つもない檻に入れられて、やることもないストレスから、檻の中を上下左右にと徘徊し続ける小熊。その中でも一番見ていて胸がつぶれる思いをしたのが、ゾウのエリアでした。

ライオンのケージからゾウの場所に向かう途中、「STAY AWAY」と書かれた看板があり、明らかに観光客が入ってはいけない場所がありました。背伸びしてその方向に目をやると、屋根付きの馬小屋のような建物に、小さいゾウが1頭ぽつんとつながれている。あれはなんだったんだろう、と首をかしげながら、標識に従ってゾウの場所に進んでいく。すると、4、5頭の大人のゾウが、テニスコートほどの広さのコンクリートの場所に、横に並べられて前後に小さく動いています。**ゾウと人の境になる柵がないな、と思ったら、ゾウの足に鎖が巻かれ、床につながれていたのです。**

これは人間の管理下にある多くの動物にも言えることですが、1日に何百キロと雄大な自然を移動する野生動物が、コンクリートの狭いスペースに入れられると、同じ動物とは思えない。動物園で見る動物は、慢性的な運動不足、刺激不足で、自然環境との大きな違いから、本能的な行動ができないことが多く、さまざまな身体的、精神的苦痛を感じていると言われます。

ヤンゴン動物園のゾウの目は、どんよりとうつろで赤みがかった色をしていました。

ここからまた話をケニアに戻します。ケニアで唯一の動物福祉弁護士、ワシェリが、ケニアのこんな笑い話を教えてくれたことがあります。〈ライオンが、「サバンナの王者は誰か?」と自信たっぷりにゾウに尋ねた。すると、ゾウは何も言わずに、ライオンを蹴り上げた〉。つまり、何も言わずにゾウはライオンよりも強いことを見せつけ、サバンナの王者が自分であることを示したというジョーク。蹴り上げるとは穏やかではないので私は笑えなかったのですが、その後、この話の意味をこの目で確認することになります。それまで強そうではないという印象を抱いていたゾウは、動物園や人が乗るために飼われているゾウであり、自然の姿とは別だったのです。

オル=ペジェタでの最終日、まだ野生の姿を見ていない動物がいました。旅のメインキャラクターでもある、ゾウです。

ゾウを見るために、ガイドさんが保護区をあちこちジープを走らせてくれたのですが、ようやく目撃できたのは、1キロほど先に見える5頭のゾウの群れ。草原を抜けてサバンナを走りゆくゾウのお尻をかろうじて見ることができましたが、点ぐらいに感じる小ささ。しかし、それだけでもテンションは上がるし、なるべく人から離れて生きる野生動物の生き方を支持する立場から、ちゃんと見れなくてよかったんだと自分たちに言い聞かせ、ホテルに戻ることにしました。

戻る途中、ガイドさんが静かにジープを止めました。「ん？　何事？」と窓の外に目をやると、そこにいたのは、低い木の草を食べながら、ゆっくりと進むゾウの大家族。子ゾウを守るため群れの中心に隠しながら歩く10頭のゾウでした。


時が止まったような感覚をおぼえるほど、美しく大きなその姿。ピンと張りつめた空気の中で聞こえるのは、ゾウが木の枝に鼻を巻いて草をむしり口に運ぶ、ガサガサガサという音。それから、時折鳴るシャッター音。危害を加えようとしない雰囲気を感じてか、1頭の若いゾウがジープのすぐ横まで来て、ジープの屋根から顔を出した私たちの顔をゆっ

ゾウを探しにジープを走らせサバンナの中へ向かいます。遠くにいるライオンを見ているのは、アメリカの動物法学者とケニアの動物福祉弁護士（！）

ついに、遠くへ走り去るゾウの家族を見つけました。

間近でゾウの家族と遭遇すると、木の合間から、大小いろいろ7頭のゾウが次々と現れてきました！

この写真は、ミャンマーの動物園でのゾウで、前後とも足を地面とつながれています。そのため、体を小さく揺らし続けるといった常同行動が見られました。

くりと見回してから、近くの木の草を食べていきました。
ワシェリの話にあった通り、10頭のゾウの群れの姿は威厳に満ちていて、圧倒されました。黒く光った目が緑を捉える。**大自然の中を家族で悠々と歩く目の前のゾウを見ながら、ミャンマーのヤンゴン動物園で見たゾウを思い出し、涙がこぼれました。**あの狭い場所につながれたゾウのどんより曇った目が、このケニアの自然保護区に来ればどんなに光り輝くだろうか、と考えてしまったのです。

時の流れがゆっくり感じられ、1時間はいたような感覚がありましたが、実際は10分くらいだったでしょうか。写真を撮りながらファインダー越しに見えるのは、見渡す限りサバンナの草木が広がる自然保護区と、いきいきとしたゾウ。涙は止まりません。

大きくゆっくり歩くゾウは、人に縛られない環境下では、周りの森に一体化しているよう。さらに、緑を舞台にしてゆっくり歩くだけで、見る人を魅了してしまうような、主役の威厳を醸し出しています。ライオンを見たときには感じなかった、サバンナの王者の風格というものを初めて体感しました。

CHAPTER
7

香港

Hong Kong

西洋と東洋の間の
シェルター

日本と欧米、動物とのつき合い方の違いの両面が

ここまでは、欧米のシェルターを巡ってきたレポートでした。こんなシェルターが日本にあったらいいな、こんなしくみ素敵だな、と思う場所はありましたか？　あったとしても、日本では無理じゃないか、レベルが違い過ぎる、と思われるかもしれません。

私が、動物法研究やシェルター巡りをしていく中で、いつも頭の上に重くのしかかっている大きな石のような課題があります。それは、**「欧米のやり方がはたして日本にフィットするのか」**ということ。日本にしっくりくる動物保護はどんなものか、という自問への答えを探すのは容易ではありません。

今の日本は、物流や生活習慣といった表面上は欧米と似てきてはいるものの、他者とのつき合い方など情緒の部分は昔からの日本のまま、と思わせる場面がよく見受けられるからです。

最近では、人、物、情報が国境を越えて簡単に行き来していて、たとえば、アメリカでココナッツオイルが浸透すれば、しばらくすると同じ現象が日本でも起こったり。しかし一方で、アメリカの友人が日本に来たとき、「日本人は人と目を合わせないね。西洋人だ

からか、僕をじろじろ見るけれど、逆に僕が相手を見ると、さっと目をそらすんだ。ヘンな感じ……」と語ります。アメリカのバスの中なら、知らない乗客と目が合うと"Hi"とあいさつし、その土地のことや将来の夢まで尽きない話が始まったりすることもあるのです。このような、海外の人から見れば異質な「日本らしさ」はしっかりと残っている。

この例に挙げた人との関わり方だけでなく、動物との関わり方においても、日本らしい価値観が深く関係してくるのではないか、と考えられます。

『日本の動物観　～人と動物の関係史』（石田戩、濱野佐代子、花園誠、瀬戸口明久・著／東京大学出版会）によると、**日本の「ウチとソト」という概念が、人と動物の関係にも当てはまるといいます。**動物（自然）は基本的に人の生活から切り離された「ソト」の存在。特に野生動物や畜産動物は、ほとんどの人からすると関心もなければ、ある程度遠ざけておきたい存在。集約型畜産で動物がどんな風に飼育されているか、ということから目を背ける人がほとんど。家畜の飼育方法について徹底的に政府が議論して、動物福祉に関する法律をどんどんつくっているヨーロッパ諸国とは異なります。

それに対し、日本でもペット文化の浸透により、犬や猫は子どもや孫といった家族と同じくらい近い「ウチ」的存在になっています。それでも**東日本大震災の際には、家族であるはずの犬猫と一緒に避難所に入ることが困難であった**ように、動物は人の世界の「ソト」にいるべき、という考えはまだ深く残っているのでは、と研究者は言います。もちろんアメリカなど欧米でも、スペースと優先順位の問題から、災害時にペットと一緒に避難することの難しさは問題になっており、程度の差ではあるのですが……。

このような日本と欧米の動物とのつき合い方の違いを改めて考えさせられることとなったのが、2015年春に訪ねた香港のアニマルシェルターです。アジアにありながら、歴史的にイギリスと深い関わりを持つ香港。ここでは、イギリスからの強い影響と、アジアの特徴の両面を見ました。

イギリスにならってできた動物虐待調査員

1997年まで、イギリス領だった香港では、シェルター運営もイギリスさながらのしっかりした内容。特に、インスペクター（動物虐待調査員）の活躍と施設の清潔感が目を引きました。

香港で最も大きくきちんと整備されたシェルター「香港ＳＰＣＡ」（以下、ＳＰＣＡ）。世界で最も規模が大きいと称されるイギリスの「王立動物虐待防止協会」（ＲＳＰＣＡ）に触発されてＮＰＯ団体が創設されたのは１９０３年、シェルター自体が建ったのは１９９２年です。ここに私を連れて行ってくれたのは、香港で動物法を教えているオーストラリア出身の法学教授、アマンダさんです。

都心の地下鉄・銅鑼灣駅から街中を歩いて15分。あるビルに入るとそこが、活気あるアニマルシェルター。私がこれまで行ったシェルターはせいぜい2、3階建てでしたが、ここは5階建て。スペースが必要ならば横ではなく縦に広げるしかないという、いかにも国土の狭い香港らしい発想のシェルター。

エレベーターの中には、ハスキーとゴールデンのミックスのような大型犬の笑顔がアップになったポスター。私がそれを見ていると、「その子はムンチュー。吠えないように、ビニールをワイヤーのように口の周りに巻かれていたところを、インスペクターが調査して保護したのよ。虐待の容疑で飼い主は起訴されて」とアマンダさん。

その後、ガラス張りの清潔な部屋にいるムンチューと実際に会うことができました。もちろんここでは口輪なんてされないけど、ひとつも吠えることなく穏やかにこちらを見ている。**犬は、人と生活して恐怖心がない状態で心が満たされていれば、周りに迷惑をかけるほど吠えたりしません。**まだ口の周りの毛に、輪っかの形が残っているのが少し痛々しいけれど、紺色の首輪が白いつやつやした毛に似合っています。

30頭ほどの犬がガラス張りの部屋で落ち着くドッグエリアを見渡すと、ベッドに寝転がり大きく伸びをしているビーグル犬、おすわりをして何か言いたげにこちらを見つめる中型犬、などみんな本当にいい子。

その中で、黒いコロコロとした子犬が立ち上がり、ガラスの壁に開けられた穴に鼻を押し当てています。必死にこちら側の匂いを嗅ぐ様子にそっと近づいてみると、その生後2カ月の雄犬は、白いベッドの上をトランポリンのように跳びはねて、私が近づけた手の匂いを嬉しそうに嗅いであいさつしてくれました。ガラスに貼ってある説明文には、「僕は雑種犬バリー。SPCAのインスペクターが救助してくれてここにいます。僕に会いに来て、家に連れて帰ってほしいな」とあります。また出てきた「インスペクター」という言葉。気になって、案内してくれたSPCAの副部長、ウッドハウスさんに聞いてみました。

「インスペクターって、イギリスの保護団体のインスペクターと同じようなものですか？どれくらいの調査権限を持っているのですか？」

イギリスでは、動物虐待を専門に調査しているインスペクターと呼ばれる人たちがいます。NPO団体「RSPCA」のスタッフでありながら、**動物虐待に関する専門知識と経験を持つのがインスペクター**。虐待を受けているとみられる動物の保護が必要な場合は、虐待者の家に行き動物虐待事件の解決に向けて尽力します。ときには、虐待している人の摘発・訴追を行うことも。イギリスの動物福祉事例の約8割は、このインスペクターが調査及び起訴をしているというデータも。

「近所の家から異臭がする。きちんと世話をされていない動物がいるのではないか」という電話を受ければ、**現場にかけつけて調査し、虐待の予防や適切な処理に大きな役割を果たしているのです。**

そんなイギリスの影響を受けて、この香港SPCAでもインスペクターが20人、補助役が5人いるといいます。

法制度の違いから、香港では、イギリスのように担当者が起訴をするというようなこと

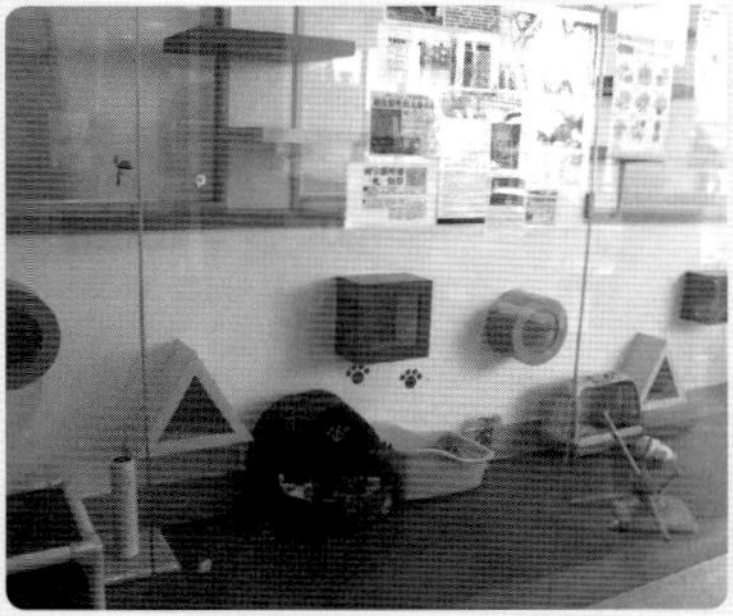

猫のプレイスペースでは、高いところが好きな猫のために上のほうに台も設置されています。壁に貼られているのは、高層ビルで猫を飼う際の注意点などの記事。

香港のシェルター内、保護動物を受け入れる窓口。この日は、相談の電話などが何度も鳴って、受付の人が忙しそうにしていました。

「香港オリジナルの犬を家族に迎えよう」というコピーで、雑種犬の個性の魅力をアピールする、女優 Karen Mok と雑種犬 Cooper のポスター。

犬舎はとてもオープンな印象。ガラス状になっているので、その奥にある犬舎まで見渡せます。

犬舎のガラスには肉球をかたどった穴が開いています。子犬の部屋の前を通ると、訪問者の匂いを嗅ぐことができるこの穴から、懸命に鼻を出してあいさつしてくれました。

ポスターにもなっていた、ビニールを口の周りに巻かれていたところを保護された犬、ムンチュー。まだ鼻の周りにきつく縛り付けられていた痕が。しかしここでは、おやつやおもちゃも与えられ、とても穏やかに過ごせています。

はないのですが、それぞれの個室の説明文を読む限り、インスペクターが動物虐待事件の調査に関わっているケースは多いようです。

犬が匂いを嗅ぐための穴がガラス壁に

そうした活動内容もイギリスの影響ですが、施設の中にもイギリス的要素が散見されました。それは、動物行動学に基づいた飼育環境。

たとえば、**犬が周りの状況を確認して落ち着くことができるように「訪問者の匂いを嗅ぐ」ための穴をガラス壁の下のほうに開けています。** 犬の肉球形の穴が、ケージを隔てて犬流のあいさつをすることを可能にしているのです。前述した、黒い子犬が喜んだシーンがこれですね。

猫が保護されているエリアでは、ドアを開けたとたんにピアノの音が聞こえました。穏やかに流れる音楽で猫がリラックスできるようにと。猫は、犬のように散歩タイムもないので、狭いスペースでずっといるのはストレスが溜まってしまいます。そこで、ガラス張りの部屋は、音楽や遊びスペースの確保によって猫が気分転換できるような設計となっている。「ここでリラックスしている猫をずっと見ていると、家に連れて帰りたくなるのよ」と誇らしげに話すウッドハウスさん。その、よく考えられた部屋のデザインは、アメリカにも輸出されて人気なのだとか。

このように、科学的知見を動物保護に役立てるのは、なんともイギリスらしい方法です。そして、猫エリア全体を見渡すと、16部屋あるうち、6部屋は空室。保護動物の滞在期間を短くし、高い譲渡率を目標に掲げるＳＰＣＡの努力の表れでしょうか。

相性がいい猫を一緒に入れて遊ばせるプレイルームにはガラス張りのスペースがあり、そのガラスに、傷ついた猫の写真が大きく載った新聞記事があります。ウッドハウスさんに聞くと、「あぁ、これは Flying Cat の記事よ」という答え。「猫が……飛ぶ?」。**高層ビルの上層階で飼われている猫が、窓の隙間から落ちて死んでしまう事件が多発しているの**だとか。ＳＰＣＡは、窓に網戸などの予防柵を設置しましょう、と周知提唱しているそうです。香港は、高さ１００メートルを超える超高層建物の数が世界一。これは、そんな香港らしい動物問題でした。

安楽死への嫌悪感に残るアジアの色

動物に関わる社会的問題は、ペットの殺処分にしても、家畜や実験動物の扱い方にしても、センシティブな部分が多くあります。どこの国でもそれは同じで、人と動物との関わりが深く、重要であることの表れとも言えそうです。中でも、日本人が欧米人より特に敏感なのではないかと感じる点が2つあります。

それは、**安楽死と、かわいそうな動物の写真や事実をセンセーショナルに伝える方法に対する拒絶反応。**香港SPCAでも、安楽死の情報公開と動物問題の伝え方に慎重な様子が見られ、もしかしたら、この特徴はアジアに共通することなのかもしれません。そのうえで、海外の動物福祉団体であるSPCAがどのように対応しているのかを見ることは、これからの日本における動物保護の発展において参考になると考えられます。

助けを必要とする動物があまりにも多く、すべての動物を救うための人手が圧倒的に足りないとき、人はどうすればよいのでしょうか。たとえば飢えや病気に苦しむ野良犬が街に50匹いるとしたら、あなたはどうしますか。

A：放っておく
B：十分に世話できなくても家に連れて帰る
C：世話しきれない動物は、苦しみを取り除くために眠らせる

Aの放っておく、という方法は一見楽ですが、去勢手術がなされていない場合、野良犬は増えるばかり。狂犬病など病気の問題なども生じてくるでしょう。病気の動物を放っておく社会は、人にもやさしくできない社会と言えるかもしれません。

Bはどうでしょうか。前述した犬、口をテープで巻かれていたムンチューは、実は自称動物福祉団体から保護された犬だったのです。つまり、最初は動物を助けようとしてBの方法を選んだけれど、数が多過ぎる保護犬に対してケアを十分にする時間もお金もなく、近所の人から吠え声の苦情を受け、結果的に、口輪代わりにビニールを巻いたというケースでした。**動物を不憫に思って世話しようとした人が、気づかないうちに動物虐待をしてしまっていた、ということほど悲しいことはありません。**

Cの方法は、客観的に見てすべての動物を救う資源が足りないと考えれば、病気が治りそうにない、新しい家族が見つかりそうにない動物を安楽死させて、可能性のある動物に十分なケアを与えるというもの。ＳＰＣＡの考え方は３番目のＣにあてはまります。

一見やさしいように思えるBの方法は、資源が足りない場合は虐待という結末を引き起こす可能性も含み、冷たいように見えるCの方法では、少なくとも一部の動物に適切なケアを与えることが可能。時間や費用、人の協力が十分にあればすべての動物が救えるのかもしれません。けれど、当面それが難しい場合は、ベターな道を選ぶしかありません。

しかし、**感覚的に安楽死を悪とする雰囲気を香港でも感じました。**たとえば、SPCAを訪ねることを香港の友人に伝えると、「明日SPCAに行くの？ あそこに行った動物は出てこない（殺されてしまう）って聞くよ」と悲しそうな顔をしました。そして訪問当日、SPCAに連れて行ってくれた動物法学者のアマンダさんもこんなことを言いました。「なんでも、SPCA副部長のウッドハウスさんに聞くといいわよ。香港の動物事情について知り尽くしている人だから。SPCAでの殺処分数〝以外〟は、すべて教えてくれると思うわ！」

うーん、客観的にSPCAの状況を判断するために、特にそこを知りたいのに……とは言えるわけもなく、失礼を避けるため、ウッドハウスさんへその質問はしませんでした。ただ、その忠告だけで、香港で安楽死がどれほど敏感に語られるのかは想像がつきました。

そのように、あそこは安楽死を実行しているという情報が広まる中においてでも、SPCAが香港でも大きな団体として存続、支持され続けている理由は、飼い主のニーズに応えるサービスの提供と、ポジティブなキャンペーン運動によるものでしょう。

動物病院とカウンセリングで運営費を

動物保護活動はお金がかかります。傷ついた動物の治療、世話、エサ代、インスペクターの人件費、交通費、広報にかかる費用、シェルターを建てる土地代、建設費、維持費、などなど……。**保護活動に必要なお金はいくらあっても足りない！** というシェルタースタッフの声が聞こえてきそうです。

年間1億2000万ポンド以上の寄付金が集まる、チャリティーの本場イギリスのRSPCAに倣い、SPCAでも中国のお正月のお年玉文化に便乗したキャンペーンなどを行っています。それでも、やはりイギリスのように寄付金だけで膨大な費用を賄うのは困難。そこでSPCAは、**動物病院の開設と、しつけカウンセリングの顧客を得ることで運営費をまかなっています。**

ＳＰＣＡには、獣医師20人が交代でシフトに入り、毎日少なくとも４人は働いています。私が訪ねたときも、飼い主の方々が犬や猫を抱き、列をなして待っていました。治療の対価にお金をもらっていますが、ＳＰＣＡは非営利団体なので、良心的な価格設定となっています。腕の良い獣医さんが通常より安価で治療してくれる、ということで評判のようです。

受付がある階には、犬のトレーニングルームがあります。トレーナーのエルシーが、やんちゃな黒い中型犬をトレーニングしながら笑顔で質問に答えてくれました。彼女の手にかかると、入ってきた犬が、１日でおすわり、３日でお手ができて、15日で飼い犬に必要なひと通りのトレーニングを終えられるのだそう。なんともスピーディー。また、家にいる犬でも飼い主の要望に応じて、ドッグトレーナーや動物行動カウンセラーが、行動の問題を解決しています。１時間で８００香港ドル（約１万円）というのを、高いとみるか安いとみるかは人それぞれ。

もちろんＳＰＣＡに保護されている譲渡前の動物は無料でトレーニングしているので、ＳＰＣＡを卒業していく約６００頭の動物たち（年間譲渡数）は、とても飼いやすいはず。ここに今いる、昨日保護されたばかりで不安な表情を浮かべる柴の子犬も、タレ目で人なつっこい大型犬、ロットワイラーのミックスとみられる犬も、いい子で卒業していけるのでしょう。

「愛護」という言葉はアジア向き

獣医業やドッグトレーニングといったサービスも、もし団体のイメージが悪かったら、これほど成功していなかったかもしれません。アマンダさんいわく、**ＳＰＣＡが特に力を入れているのは、ブランディングとマーケティング。要するに、団体のポジティブなイメージを発信すること。**多くの人の「自分も何か関わりたい」と思わせるポジティブさを押し出したキャンペーンで、ＳＰＣＡはサポーターを増やしています。

そこで思い至るのが、日本のこと。そもそも日本の人には、あれがだめだ、これが良いのだと、外から「押しつける」よりも、「こうなりたい、こうしたい」と内面から湧き上がる感覚を誘うほうが、心に響くのだと思います。

というのも、日本人は、批判への免疫力が低いと感じることがあります。欧米では、互いの論理や言動を客観的に分析、批評し、互いに納得するまで議論することを好みます。

イギリスでもアメリカでも、授業中に教授の話を生徒が止め、疑問点を指摘し、議論をふっかけることが推奨されていたりもします。

一方、日本では、批判や議論によって互いを高め合うというよりは、同調を得られるように、受け手の気持ちを汲み取りながら、状況改善を少しずつ図ることが大切になってきます。議論で勝つよりも、相手が内側からそうしたいと思わせることが重要になるのです。

動物問題の伝え方も、これと似た側面がありそうです。それは、日本語にあって英語にはない「愛護」というフレーズが、日本の動物保護に広く使われていることが関連しているのではないかということです。

日本で唯一、動物を保護することを目的とした法律は、以前「動物の保護及び管理に関する法律」という名称だったのですが、1999年の法改正で「動物の愛護及び管理に関する法律」(以下、動物愛護管理法)と名前が変わり、「保護」が「愛護」という単語になりました。

欧米の動物法の多くは、動物虐待は不正義ないし非人道的であるから、保護や適切なケアは国民の義務であると定めています。対して、日本の動物愛護管理法は「国民の間に動物を愛護する気風を生むことを目的」としています。つまり、人々が内面から動物を愛して護りたいとなることを目指しているのです。

しかしこの愛護という言葉は、動物を保護する、あるいは痛めつけないという具体的行為よりも、個々人の内的主観的感情というイメージを与えます。「愛護」という言葉から、動物好きな人限定の問題と思ってしまわれがち。

動物に関することは十分社会問題なのです。ちなみに、そういう考えから、私は本書で「愛護」という言葉を極力使わず、動物保護、動物福祉、という言葉を用いています。日本の動物法の第一人者である青木人志教授も、思想信条の自由が憲法で保障されているのだから、法制度は国民の内心にまで立ち入ることはできないが、愛護という言葉を用いることによって内面的な心の在り方を法律が規制することを連想させてしまう、ということを懸念されています。

そして、この愛護という言葉、実は香港SPCAも使っているのです。「Society for the Prevention of Cruelty to Animals」という英語の団体名を中国語に訳すとき、香港SPCAは「動物虐待防止協会」という直訳ではなく「動物愛護協会」という言葉を採用しました。日本人には、個人の内面に訴えかけるほうがしっくりくるように、香港の人も同様なのかもしれません。ＳＰＣＡのポジティブさを押し出したキャンペーンもこの傾向を反映しているのでしょう。

たとえば香港で問題になっていることのひとつは、家族を必要とするミックス犬（雑種）の多さ。**血統書付きの動物をペットショップで購入すること自体を否定するわけではありませんが、殺処分数を減らすためには、ミックス犬の飼い主を見つけることが急務。**

そこでＳＰＣＡは、「進んでミックス犬を飼いたくなる」キャンペーンを行い、暖かいベッドと家族の愛が必要と訴えています。たとえばレセプションとトレーニングルームの間の廊下に掛けられていたのは、写真集の1枚を抜き取ったかのような美しいポスター。香港の有名女優カレン・モックが笑顔で腕を回しているのは彼女の愛犬、大型ミックスです。ひとりと1頭が大きく口を開けたチャーミングな姿の横には「香港オリジナルの犬を家族に迎えよう。ＳＰＣＡの犬は、あなたと同じくらいユニーク」というコピーが。

こんな関係、いいな。素直にそう思えてきます。そして、こんなポスターだったら、日本でもウケるのではないか、と思いました。**狭いケージに入れられ、いかにも弱った犬の**

写真で「殺処分を減らそう」と訴えかけるのもひとつの方法ですが、人によっては不快感だけが残ってしまうおそれがあります。ＳＰＣＡのようなポジティブキャンペーンであれば、多くの人に響くかもしれません。

傷だらけだった犬が伝えてくれること

前述の、安楽死に難色を示した友人フィオナは、ＳＰＣＡではない動物保護団体から、ジャーマンシェパードの子犬を家族に迎え入れています。香港のレポートの最後に、その犬について書いておきます。

フィオナの家に引き取られてから6カ月、しっかりとした体格になってきたけれどまだやんちゃで甘えん坊な子犬の名前は、Scar-jai。日本語で言うとキズ（傷）ちゃん。思わず聞き直してしまうその名前には、ちゃんと理由がありました。

２０１４年5月、ホームレスの方が路上のゴミ箱の中をさぐっていると、不思議な声が聞こえてきました。そこにいたのは血だらけの犬。通報を受けた動物保護団体は、後頭部に赤く腫れあがった傷があり、後ろ足と尻尾に火傷を負ったひん死の状態の犬を救助しました。そのことが新聞記事に取り上げられ、記者は子犬を「Scar-jai（キズちゃん）」と名付けました。

その後、3カ月の治療期間を経て、団体のシェルターを訪ねたフィオナとパートナーが引き取ることを決めました。

今では、毎日めいっぱい広い庭で走り回り、夜は家の中のふかふかのカーペットで寝て、週末には川に泳ぎに行ったり公園で他の犬と遊んだり、子犬らしい日々を送るキズちゃん。たくさんのおもちゃに囲まれ、愛情をめいっぱい受けているキズちゃん。

もうこの名前が似合わないくらい元気なのに、なぜそのままにしているの？　と、フィオナに素朴な疑問をぶつけてみると、「キズちゃんの一生はそこから始まったから」という答えが返ってきました。

キズちゃんの傷は、友人のもとでゆっくりと癒えてゆく。けれど、いまだに見つかっていない動物虐待の犯人や、今も世界中で虐待にあっている動物が存在する事実は変わらない。その事実をこれからも多くの人に伝えていってくれるキズちゃん。その天真爛漫そのもののやんちゃな顔を見て涙をこらえつつ、「ほんとうに怖かったね。フィオナと出会えて良かったね」と心から言いました。

CHAPTER 7 香港
Hong Kong

さて、欧米と東洋の間とも言える香港のシェルターを訪ねたあとは、最終章、日本のシェルター訪問に入ります。

ゴミ箱の中で発見されたときのキズちゃん。頭に巻かれた包帯が血に染まっているように見える。キズちゃんを虐待した人はまだ見つかっていないので、虐待の理由や詳しい状況はわかっていない。

保護され、受け入れた家の庭でボールを投げてもらうのを待つキズちゃん。平日は広い庭で走り回り、休日は公園や川に連れて行ってもらうなど、今は温かい愛情をもらっています。

キズちゃんを家族に迎えた友人フィオナとパートナーと一緒に。このあと、1頭では寂しいだろうと考え、もう1頭保護犬を迎え入れ、2頭の犬と一緒に暮らし始めました。

CHAPTER
8

日本

Japan

動物保護後進国の
汚名返上に芽生えが次々と

古来、自然や動物と調和して生きてきた日本人

もっと、人も動物も笑顔になれる環境。そんな、人と動物がより調和のとれた社会を求めて、これまで世界のシェルターを旅してきました。そのうえで、「調和」を重んじるのは、日本の得意分野ではないかと感じることが増えました。

昔から日本人は、災害をもたらすと知りながらも、自然を大切にして暮らしてきました。動物に対しても敬意をはらい慈悲深いまなざしを持っていて、それは、古くから伝わる絵画や短歌にも見受けられます。どちらも、調和の精神が生きています。

そんな日本で、より動物と調和のとれた社会にしていくのは、実は難しくないのかもしれません。しかしそれはまず、**近代化が進んで動物の「利用」が過度に進んだ現状を「知る」ことで初めて可能になること。**現代社会の、動物と人の関係の歪みを知る人が少なければ、日本はいつまで経っても変わらないでしょう。

初めて日本のアニマルシェルターを訪ねたとき、犬猫殺処分の現実にショックを受けました。その後さらに深まっていった、ペット以外の動物利用への疑問。そして、最も衝撃

だったのは、事実それ自体よりも、知ろうとしなかった、見ようとしなかった自分と多くの人の姿勢。これでは社会は変わらない、と焦りや切なさばかりが胸をつきました。しかし、それから11年経った今、日本は少しずつ変わってきていると感じます。

初期の、2006年から訪ねた、東京、大阪、京都にある4つのアニマルシェルターでは、毎度、課題ばかりが頭に浮かび、がんばるスタッフの方々の姿に胸が詰まりました。しかし、2012年以降に行った、熊本、横浜、東京、長野のアニマルシェルターでは、希望が見え、スタッフの方々の努力からも勇気をいただきました。このように変わっていく日本を、この最終章でお伝えします。

集まらない関心、人、資金……〔東京〕

高校2年の夏、イギリスとの違いをこの目で確認するために一時帰国した私は、私設アニマルシェルターで住み込みボランティアをすることにしました。ここで、日本のアニマルシェルターの余裕のなさと、動物問題に対する人々の無関心を体感することになります。

外から見ると、一見普通の一軒家に見えるその場所。やさしいスタッフの方の案内で建物に入ると、ところ狭しと並べられたケージに圧倒されます。**10畳ほどの部屋に積み上げられた40個ほどのケージの数が、資金面の余裕のなさを物語っている。**1頭1頭にゆったりとしたスペースを与えられていたイギリスのシェルターとの大きな差に愕然としました。国が違うところうも違うのか、と。

縦横奥行き合計1メートル前後のケージは縦3段に積まれ、その中には、おとなしそうな犬、元気な犬、悲しげな犬と、さまざまな表情を浮かべながら新参者の私を見つめています。私の愛犬あくびと一緒の犬種、シェルティーが目にとまって近づいていくと、びくびくしたその子の体には、部分的にごっそり毛がありません。ストレスか、皮膚病にかかっているのか……。痛々しくて、控えめにこちらを見る目を、私は長く見つめ返すことができない。

これが日本の現状かと身が引き締まる思いです。犬の吠える声と、動物の匂いに包まれながら、忙しく事務作業をしていた代表との話を終え、ボランティア活動のスタートとなりました。

トイレシートの入れ替えや水の交換、ケージの掃除などをせっせとやったあとは、中型犬よりひと回り大きい、毛が長いベージュのミックス犬とご対面。他のボランティアさんと一緒にシャンプーをしてあげて、と頼まれました。泡と水だらけの体をブルブルされるたびにわーわー言いながら、なんとかブラッシングまで終了。

ふーっと息をついたところで、次に小さいケージで退屈していた犬を1頭ずつ散歩に連れ出します。すべての犬に外の空気を吸わせてあげたい、とはやる気持ちと、1頭ずつゆっくり時間をかけて歩きたいという思いを同居させながら、シェルター近くの公園を歩きます。

先に先にと小さい足を進めて土や草の匂いを嗅ぎまくる犬もいれば、私の様子をうかがいながらゆっくり遠慮がちに歩く犬もいて、それぞれの性格がわかるのが面白い。長期ボランティアさんが、ここに通い続ける理由がわかりました。

募金箱を持って声を出す私の前を誰もが素通り……

2日目は、街頭でチャリティーを募るお手伝い。気合いを入れて最寄り駅に向かいます。犬猫殺処分数を記した写真付きのパネルを設置し、募金箱を持ち、一日じゅう立って声を出す。

「みなさんのお力が犬猫の命をつなぎます！」

続けること数十分、数時間……誰も聞いていません。東京の駅なので人の行き来は激しいけれど、目の前を足早に通り過ぎてゆく人々。自分だけが、別世界にいるような感覚に陥る。遠くからは見てくれているから、きっと声は届いているし姿も見えているのだろうけど、前を通るときには目をそらしていく。

自分のアプローチ方法が悪いのか、とフレーズや声量を変えてみるも、効果はありません。午後になり声もかすれてきた頃、シェルターの犬たちも数頭参加すると、ようやく道行く人が目を向けてくれるようになりました。実際に動物がその場にいると信ぴょう性が高まるからでしょうか、募金箱に手を伸ばしてくれる方も数人現れます。

しかし、犬を人ごみの中で長時間座らせるというのは、犬に精神的、体力的な負担をかけるので、本当は避けたいこと。こうまでしないと募金が集まらないとは……日本におけるチャリティーの難しさを実感しました。

このときまで私は、ドッグトレーナーになって、アニマルシェルターの犬が譲渡されやすいようにしつけをすることが夢でした。しかし、このシェルター訪問で、もっと深い、大きい部分に働きかけをしないと、この現状は変わらないなと危機感を覚えました。そして、そのために自分ができることは何だろう？　何を目指すべきか？　と考え始めました。

動物問題に興味を示さないのは日本だけではありません。今でこそ、動物保護先進国と言われるイギリスでも、最初の動物福祉法と言われる「家畜の残酷で不適当な使用を禁止する法律」ができた１８２２年頃は、動物虐待が横行していました。特にひどかったのは、馬などの使役動物（馬車や農業に使用される動物）の扱い。**イギリスでベストセラーとなった、馬の気持ちになって書かれた児童書が多くの人の心を動かし、これではダメだと社会が変わり始めたと言われています。**

どの国でも、変わる必要性がわかる「気づき」がきっかけで、良い方向に変わっていく。日本も、そろそろそこまで来ているのではないでしょうか。

そんな思いを胸に、２番目に訪ねたのは、規模が大きく、少しでも多くの人に気づきを広めようと努力している大阪のシェルターです。

日本最大規模のシェルター、資金面の工夫〔大阪〕

日本最大規模のシェルターは、大阪にある私営のＡＲＫ（アニマルレフュージ関西）というところ。畑がすぐ近くにあり自然に囲まれ、犬２００頭と猫１７０匹ほどが保護されています。ここでは、日本の恥と課題を目の当たりにすることになります。

ＡＲＫの代表は、イギリス出身のオリバーさん。日本に来た当初は、アニマルシェルターを運営するなんて思いもよらなかったそう。当時の日本は動物問題の環境があまりにひどかったようで、彼女の人生を大きく変えたその頃の状況を聞き、日本人として恥ずかしさがこみ上げました。外国人として、１歩引いた冷静な視点も持って日本の動物福祉に関わる彼女に、現在の課題を尋ねていきます。

このシェルターでは、**チャリティー文化が根付いていない日本でも運営を継続していけるよう、資金面でさまざまな試みがなされています。**

シェルターの敷地に入った瞬間、わんわんっと元気のいい、犬の吠え声が聞こえてきます。ケージの前を通ると、尻尾を振ってくるくると回転して喜ぶ犬や、おすわりしながらしっぽを振り飛びつきたいのを我慢している犬などが。入口からオフィスに続く道にケージが置かれていて、その中には、人なつっこい犬ややんちゃな子犬が目立ちます。スタッフの案内で、オフィスの奥、室内ケージに向かいます。ここには、シャイな子、持病持ち、年老いている犬もいることに気づきました。最初に見た、人の出入りが多いところには、初めて来たビジターさんに紹介しやすい子たち。初対面の人にも物おじしないフレンドリーな犬を、となっているのです。

怖がりや、老犬、大きい犬になると、新しい家族に出会える可能性は低くなる。しかし、ホームページにストーリー付きで紹介して、見ただけではわからない魅力をアピールすると、里親希望者が連絡してくれます。新聞への掲載がきっかけで里親が見つかることもあるらしいです。

その際は、本当に希望に合っているのか、飼い主になる覚悟は大丈夫か、家庭状況はどんな感じか、などを聞き、相性が合いそうであれば、晴れて新しい家族になってもらいます。

ふだんから、人に慣れさせるようにと、オフィスにはおとなしい犬が数匹いて、忙しく働くスタッフの行き来を眺めていました。部屋に入ると、ゆっくり私の匂いを嗅いであい

大阪の ARK アニマルシェルターは、敷地内の道に沿って犬舎が並んでいます。

犬舎には、その犬のことがわかるように写真付きで情報が。犬の特徴が書かれたキャッチコピーにスタッフの愛情を感じます。里親を募集しているか、スポンサーがついているか、なども一目瞭然。

写真ーすべて　はぎけん

動物のごはん。健康状態や犬種によってドッグフードの種類や量などが違うので、間違えないように1頭ずつ名前入りのタッパーに。

人に慣れさせる目的でオフィスにいた、おとなしくやさしそうな犬にごあいさつを。

さつしてくれます。
人が怖くなくなる練習、がんばってね！

里親になりたいけどなかなか現実的には……というケースへの作戦として、スポンサー制度というものがあります。**飼えないけれど金銭的に支援したい場合、一定のお金を出し、希望の動物を選び、シェルターで保護してもらいながら遠距離の里親になることができます。**6章のケニアではゾウでしたが（Ｐ１８２）、ここでは犬です。

日本人「かわいそう」、欧米人「正しくない」

元気いっぱいな茶色い子犬の兄弟を散歩させたあと、代表のオリバーさんといろいろ話をすると、「日本の動物愛護は、センチメンタルなことが問題」と。**日本で動物保護に関わる多くの人は、「かわいそう」という気持ちばかりが大きく、自分が関われることの限界が見えていないケースが多いと言います。**

それはまず、大きな動物福祉団体を立ち上げる難しさにつながります。大きな目標を立て組織を運営していくためには、個人の好みや感情は別にしたほうがうまくいく。のちに行政の保護施設を訪ねたときにも、「動物愛護団体はまとまりがないことが多い。それがどうにかならないか……」とため息をもらす話を聞くことになります。

また、現実的に自分たちの限界を把握できず、殺処分間近の動物を引き取りすぎて、きちんとケアできなくなり、病気を放置したりするホーダーの問題が生まれます（P141）。そんな**ホーダーのもとにいる動物は、生き地獄だと言います。**オリバーさんは、そういうケースをたくさん見てきたそうです。

このように、動物好きが虐待者になるという悲しい現実は、海外でも見られます。しかし日本の場合は、私営のアニマルシェルターが非常に少なく、殺処分か、それとも犯罪である遺棄か、という選択のはざまで、ホーダーが生まれてしまう。

たしかに、**欧米では、理性的に動物福祉を論じる人に多く出会います。「かわいそう」という言葉はあまり聞かない代わりに展開されるのは、動物虐待は「正しくない」という議論。**相手の気持ちを思いやる日本の文化は誇れるものではあるけれど、動物問題を解決していくためには、もう少し合理的、現実的な意識、発想が必要なのだと感じます。

大阪の ARK アニマルシェルターで、ボランティアとして散歩させてもらった元気な子犬。兄弟犬と一緒に山道を歩いたあと、バケツから水を飲んで満足顔！

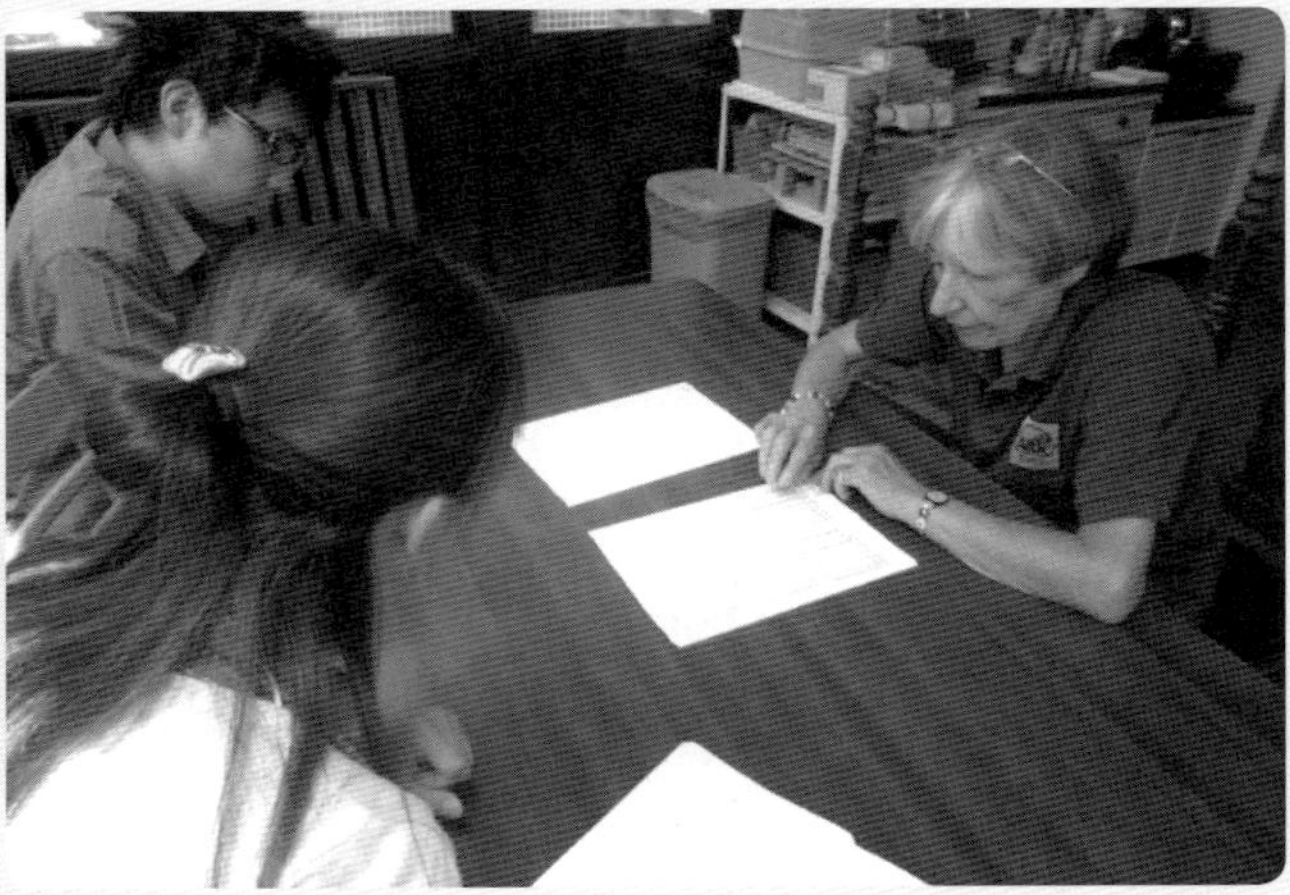

私たち「動物福祉サークル YUKI」の取材に応えてくれる、ARK の代表オリバーさん。忙しい時間を縫って、ていねいに、資料とともに ARK の様子を説明していただきました。

写真ーすべて　はぎけん

オフィスの中にいた白い犬が、ケージを飛び越える勢いで、撫でて〜と意思表示。

いたるところに動物がいるオフィスは、とても楽しい。こんな感じで猫もくつろぐ部屋で、散歩をするボランティアはまずビデオを見ます。心得を学んでから散歩をこなしていくのです。

「日本の動物福祉は100年遅れている。いや、200年かな」という、オリバーさんの言葉は印象的でした。

東日本大震災の際、避難所に飼い主と一緒に入れず置いていかれた犬猫を救助し、保護や里親探しを率先して行った、オリバーさんとARKのメンバー。日本でできること、しなければいけないことは、もっともっとあるはずと強く考えさせられました。

「殺処分のための」施設からの脱却を〔京都〕

国内外のシェルターをいくつも訪問していた段階で、日本の保健所、つまり行政が運営する動物センターには、まだ私は行っていませんでした。そこで2009年、まだ京都動物愛護センターが新しくオープンする前の「京都市家庭動物相談所」を訪ねました。ここは、根深い問題をはらんでいましたが、職員の方の努力と切実な願いを聞けたことが印象的でした。

到着すると、まず静かな雰囲気のコンクリート製の建物が。ここが本当にシェルター?

と疑うほど、中に動物がいる感じがしないクールな外装。ドイツの市営シェルターのように、建物に動物の絵が描いてある明るい雰囲気とは違います。建物の名前を確認すると き、コルクボードの掲示板を発見。Ａ４の紙が２枚貼られていて、「茶色い雑種犬、○月○日に保護」と、個体の情報が小さく書かれています。写真はいっさいなくシンプルな文言のみ。この情報では、どんな犬がここにいるのか想像できないな……。

本書の「はじめに」でも書いたように、**日本の行政シェルターは当初、人が狂犬病にかからないよう、野良犬を処分する場所として建てられました。その経緯が反映された従来の行政センターの典型的な特徴は、効率的に殺処分できる殺処分機の存在と、不十分な猫のケアです。**

一般的な構造としては、まず、複数頭を同時に収容できる犬用のケージが５つほど並んでいます。狂犬病から職員を守るため、部屋の壁が電動で動くようになっており、犬は日が経つにつれて殺処分機に近づくことを余儀なくされます。

しかし、京都市では、殺処分機をしばらく使っていないとのことで、その上に荷物が置かれていました。代わりに、1頭ずつ眠らせるように麻酔薬で徐々に意識をなくす方法をとっているとのことです。

しかし気になるのは、犬用ケージの前や物置の部屋に置かれた、インコが入るような小さいケージの数々。ここでは、子猫数匹がこの中に1匹ごとに保護されているのです。こんな状況では、猫にストレスが溜まることが心配です。しかし、昔は猫がセンターに入ることを想定していないのだから、こうなってしまうのも仕方ないのかもしれません。

そんな中でも、職員の方は目も開いていない子猫を譲渡するまで生きさせようと一生懸命。ボランティアさんと協力しながら世話することもあるそう。しかし、**夜も寝ずにミルクを与えていくこのやり方は長続きしないし、そもそも救える頭数も限られる。**やはり、旧態依然としたシステムの行政センターでは十分に猫を保護するのは難しいのです。

🐾ゴミ収集さながらの「定時定点回収制度」廃止へ

京都の動物行政をもっと知りたくなり、2010年に、今度は「市」ではなく「府」のほうの京都府動物愛護管理センターを訪ねました（同センターは、現在「京都動物愛護センター支所」として運営)。

「定時定点回収」という、決まった時間と場所に動物を持ち込めば、ゴミ収集と同じ要領で犬猫を回収し処分するというシステムが、京都府でも残っていると耳にし、以前から気にかかっていたのです。

そこは、京都駅から電車とバスを乗り継ぎ、バス停から坂を上ったところにあります。敷地に着くと、外の広い柵の中で小型犬が数頭元気に走り回っています。

気になった点は、アクセスの悪さ。施設の中に入り、まず2009年の年間来所人数を聞いてみると、1900名ほどだとか。もっとアクセスのいい、人の出入りがある場所につくる構想もあったけれど、実現しなかったらしいのです。

死にまつわる施設を自分の家の近くに建てられたくない、という気持ちはわからなくもない。犬が吠える声や匂いが心配な方もいるでしょう。しかし、**シェルターを訪ねていただくとわかることですが、施設の目の前まで行かないと、どこに動物がいるのかわからないほど音も匂いもしないのです。**

ともあれ、子犬の場合は人気があり、譲渡先がかなり見つかりやすいのだとか。2007年からは、徐々に、人慣れした成犬などに譲渡対象を広げ、猫も保護して飼い主

犬舎の隅で丸くなっていた茶色い犬がこちらを見つめていました。飼い主の人が現れ、今は穏やかに暮らしていますように。

2009年、京都動物愛護センターが新しくオープンする前で、京都市家庭動物相談所の訪問時の写真で、改築以前の犬舎です。ホースが数カ所に設置され、掃除がしやすい構造に。

施設の敷地内にある獣魂碑です。私は、京都市家庭動物相談所で行われた慰霊式に出たことがありますが、非常に厳かな雰囲気のもと、参加者はそれぞれの想いで参列していました。

ボタンを押すと、5つ並んだ部屋の壁が犬に触れずに動かせます。狂犬病を強く意識して設立された保健所の名残りです。

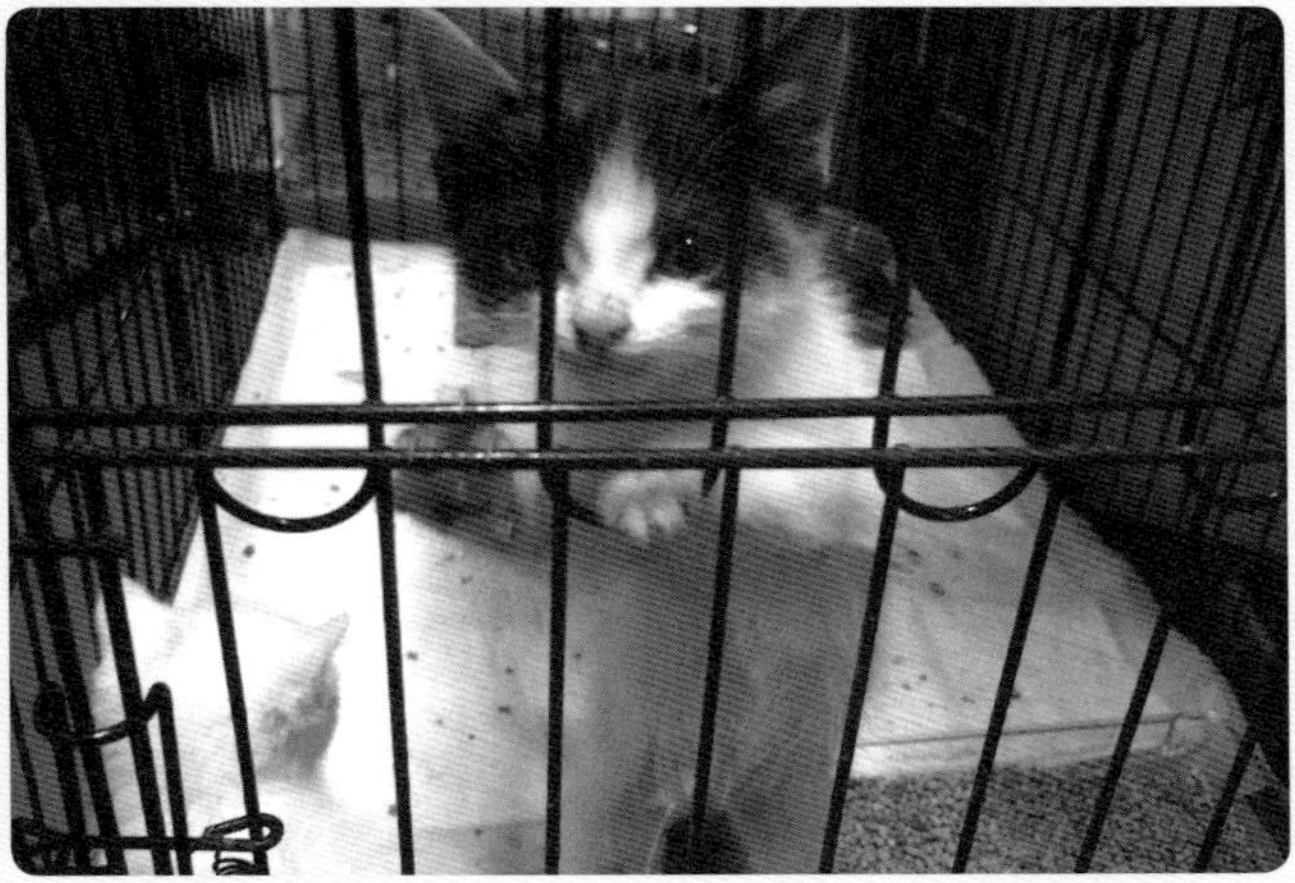

ケージにいた子猫はよく人に慣れていて、職員さんがいつもかわいがっていることがうかがえます。

子猫をケージに戻す職員の方。私たち動物福祉サークルの取材にも快く応えていただき、終生飼育の大切さを学ぶことができました。

さんを募集しているとのこと。
そして、いまだに、日本国内数カ所の地方自治体で残っているサービス、定時定点回収制度も、京都府では数年前に廃止されました。

「流行りの犬」が処分される……

犬用ケージの前を歩くと、保護されているダックスフントやチワワがくるくる回りながら、全身で人が来たことを喜んでくれます。ここで、日本の動物保護施設で必ずといっていいほど耳にする言葉を思い出します。

「センターには、少し前に流行った犬種が来る」

流行好きな日本人。ひと昔前にシベリアンハスキーが流行り、ペット業界はこぞってハスキーの子犬を宣伝。そうやってつくられたブームが去り、残ったのは、保健所に集まってきたハスキー。その後も、ゴールデンレトリーバー、ダックスフント、そして最近はチワワがよく来るそうです。
そんな現状を最前線で見ている京都府シェルターの当時の所長が、殺処分のシンプルな解決方法を教えてくれました。それは、終生飼育です。

「子どもにせがまれて安易に犬を飼う人が多いけれど、外見だけでなく犬種や個体の気質も知ったうえで飼うことを決めてほしい。センターから譲渡する際には、希望者に対して、動物を飼うことによって多くの制約を受けるが、その覚悟があるかを聞きます。つまり一生、その犬を最期まで飼えるか、ということです」

家族として最期まで一緒に過ごす。そうできないのならば、そもそも飼わない。みんながそうしたら殺処分は一気に減るのです。ドイツで訪れたシェルターのスタッフの言葉が頭をよぎります。「自分の動物をしっかり最期までみんなが世話する社会であればアニマルシェルターは必要ない」。

終生飼育という、所長の切なる思いを胸に刻み、京都府動物愛護管理センターをあとにしました。

その後、職員の方々や住民の思いなどが原動力になり、2015年に京都市と府が共同で京都動物愛護センターをオープンさせました。公園の中の約1万平方メートルという広い土地に設置された同センターは、猫収容室も冷暖房も完備しているとのこと。

ここまでに記した状況はあくまでも、2009年、2010年のものであり、おそらく、新しいシェルターでは様子が大きく異なるでしょう。しかし、**他自治体にある保健所の、いまだに動物を生かしきれていない、旧体制の典型的な問題をこのときは抱えていたと考え、日本の動物保護施設が抱える課題を示す意味でもここに残します。**

新しいセンターが、この時点のセンターとどんなに違うか、機会があればぜひ確認してみてください。

「殺処分ゼロを目指して」〔熊本〕

熊本市には、国内の動物保護の世界では有名な動物保護施設があります。2012年春に大学の動物福祉サークルの合宿で向かった先は、**「殺処分ゼロ」を目標に、制度や施設を変えずに、殺処分を大幅に減らすことに成功した熊本市動物愛護センターです。**

犬猫の殺処分をなくすために職員たちが固い決意で掲げたスローガンは「殺処分ゼロを目指す」。しかし、この作戦は、一部の市民から反感を買うことになります……。

職員に話を伺うと、まず必要だったのは「間口を狭くする」ということ。2012年に全国で殺処分された犬の43％が飼い主の持ち込み。ということは、まずセンターで受け入れる動物を減らすことが、殺処分ゼロへの近道です。

もう面倒見られなくなったからと、**「命」を持ち込んで来る飼い主に対し、職員たちは粘り強く「説得」を続けました。**「本当に自分では世話できないのですか？」「引き取り手がないか探しましたか？」「ここに入ったらこの子は命を落とすんですよ」……。

殺処分ゼロを推進するうえで一番大変だったのは、やはりその説得だったと言います。行政の義務なのだから引き取れと、脅されたこともあるとか。


職員の方に話を聞いたあと、施設の中へ。訪ねたのは、ちょうど熊本市と周辺3町が合併したとき。保護動物の数が急激に増え、説得の努力むなしく、中型の日本犬やおっとりした猫などが狭いスペースいっぱいに保護されていました。

しかし、さすが**「間口を狭くだけでなく出口は広く」**というポリシーも掲げる熊本市動物愛護センター。ここでは開庁時は見学者はいつでも引き取りたい犬を見て回れます。今日も、白や茶色の元気な犬たちが、外の空気に触れられるように、外で一定の間隔を空けてつながれ、訪問する人が犬をじっくり見ることができます。

熊本市動物愛護センターでは、ケージ内の猫と目が合いました。昔のまま建て替わっていない施設では、猫のための部屋がないため、ケージで保護することになるのです。

犬は一定時間は外につながれていて、訪問者は犬の個性を垣間見ることができます。遠くに向かって吠える犬もいれば、おすわりをしてじっと訪問者を見つめる犬などいろいろ。

ここでは、老犬であってもできる限り安楽死にはしません。

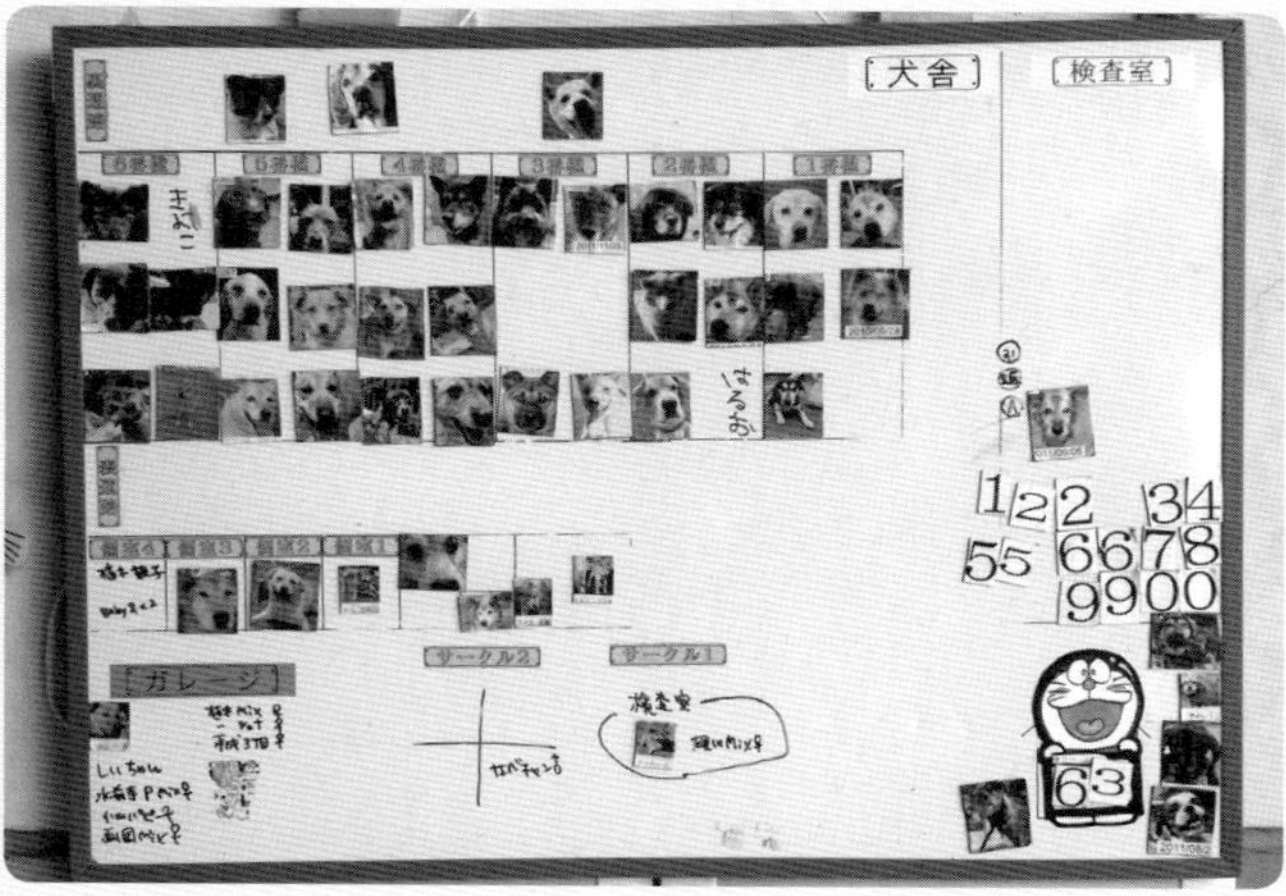

保護動物の名前や場所が貼られたボード。日本犬が多いようです。

ここでは、イギリスのシェルター同様、治りそうにない病気だったり、手がつけられないほど攻撃的でもない限り、極力、殺処分しない。室内ケージには、何年もここにいる老犬もいます。新しい家族に出会える可能性が少しでもある限り、ここでしっかり世話したい、という職員の熱い願いと努力が伝わってきます。

2012年まで、動物愛護管理法では、センターに対して動物を引き取る義務を課していました。しかし、**身勝手な理由によって動物を持ち込む飼い主が多い現状を打開するため、法改正により、センターは一定の条件下で犬猫の引き取りを拒否できるようになりました。**さらに、保護動物の返還及び譲渡に関する「努力義務」が加えられた今、法律も動物行政の発展を後押ししています。全国の職員への敬意とともに、多くの市民ができることは何か、についても考えさせられました。

市民利用施設と併せた複合施設というアイデアで〔横浜〕

全国の公設アニマルシェルターは、近年めざましい変化を遂げています。

国内約400カ所の動物収容施設の7割が、建てられてから20年以上経つ老朽施設。2009年、環境省は、犬猫の譲渡率を上げるような施設にすべく、2017年までに行われる新築、改築、改修工事の半額を補助金として出すと決めました。この決定以降、施設を新しくするとともに、**動物を「生かす場所」へと生まれ変わろうとする公設アニマルシェルターが増えています。**

近年新しく建て直された施設のひとつが横浜市の動物愛護センター。欧米諸国も顔負けのきれいな公設施設が日本にもある、と世界の人に自慢したくなるほどで、私ももう一度訪れたい場所です。

横浜市の動物保護施設が生まれ変わった、とインターネットで見たときから、行ってみたいと思っていました。2012年、アメリカに留学する前、見学のアポイントを取りました。横浜駅からバスで25分、バス停で降り10分ほど歩くと、丘の上に見えてくる美しい緑の芝生。これまで訪ねた日本の動物保護施設とは違う開放感あふれる情景に期待がふくらみます。

新築するきっかけとなったのは、旧畜犬センターの老朽化、動物の保護を推進する法令の改正で、20年の構想を経て建てられました。ここは、とにかく清潔で明るい。昔のセンターの目的は狂犬予防法に基づき市民の健康、安全衛生の保護であったわけですが、今のセンターは、しつけ教室や野良猫問題の解決等の取り組みも加えて行っていて、動物行政の拠点へと変身を遂げています。

巨額の資金調達を可能にしたのは、生活行政と絡めた画期的なアイデア。市民センターと動物保護センターを併せた複合施設にしたのです。そのため、中をぐるりと見て回ると、これまで見たことのないセンターの役割に気づきます。

ここには、市民のための視聴覚室兼大研修室、飼育体験実習室、ふれあい広場（芝生）などがあり、**動物に関心がない多くの人も利用することで、保護動物のことも知ってもらえるのです。**

犬のしつけ教室なども開かれる広い飼育体験実習室の上には、その様子を見下ろせるスペースが。動物アレルギーがある子どもなどが上から見られるようになっています。これは、欧米シェルターでも見たことがない、細かい心遣い。

動物をシャンプーしたりするグルーミング室もピカピカに掃除されています。外に出ると目に入ってくるのは、2階にずらっと並ぶ犬の個室。幅1・2メートル・奥行き2・1メートルという、ゆとりの部屋が1頭ずつに与えられますが、さらに大型犬には倍の広さが与えられる。手前半分が太陽の光が注ぐ屋外、奥半分が室内となっています。白い毛がふさふさの大きい犬の部屋の前を通ると、穏やかな視線を向けてくれます。天気が良い日で、どの犬も気持ち良さそう。

そして、**なんと犬用個室は半分が空室。**これまで訪ねた動物保護施設の中で一番理想に近いのに、いや近いからこそなのですね！　この日も、保護犬を引き取りたい家族が、犬との相性を見る「お見合い」のために来ていました。

動物保護団体との連携で譲渡率アップ

犬用個室を見終わって、芝生が風に揺れる広場に出ていくと、すだれがかけられた五角形の建物が。そこが猫の家です。高いところに登る習性がある猫に合わせてつくられた、ガラス張りの建物。さまざまな色や柄の猫たちがくつろいでいます。

横浜市の動物愛護センター。ずらりと並んだ2階の犬舎の横を訪問者が歩いています。中央の階段を下りると猫舎が。

夏に訪れたので、室内の猫が快適に過ごせるよう猫舎にはすだれがかかっていました。このような、動物へのさりげない気遣いが各所で感じ取れます。

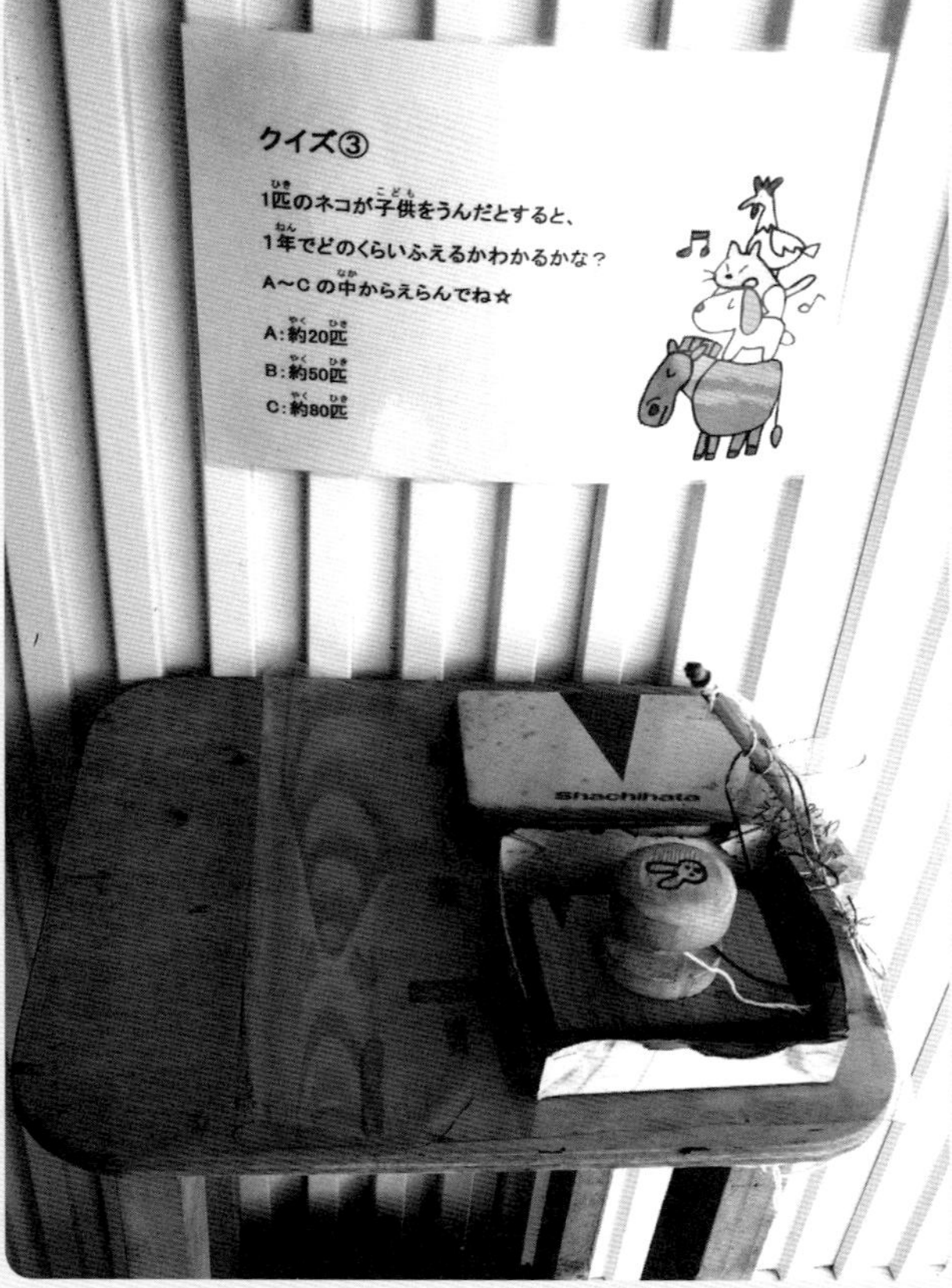

施設内にあった手作りのスタンプラリー。クイズに答えながら動物のことを学べる趣向で、子どもを連れてきたら喜んでもらえそう。

これまで行政のセンターで胸を痛めてきたのは、不十分な猫のケア。しかしここでは、重点的にその問題を改善する試みがなされています。広いスペースで、猫の生態を考えた構造になっていて、高いところで寝ることができるタワーもいくつかあります。しかもこれ、市販のものは高額なので職員の方の手作りだとか！

猫の家を出るときに、出口に動物のスタンプラリーが設置されているのに気づく。これも手作りで、ミーハーな私は、ウサギ模様のスタンプをノートに押します。訪問した人にいろいろと楽しんでもらいたいという職員の気持ちが伝わってきます。ここで働きたい、そんな気持ちにさえなってきます。

来場者数だけでなく、譲渡率を上げる試みもなされています。動物保護団体との連携です。「ボランティアの助けがないと、殺処分ゼロは不可能」と話していたのはスペインの市営シェルタースタッフの方でしたが、この横浜でも、**ボランティア団体と連携し、最終的な譲渡先を報告してもらうシステムをつくっています。それによって譲渡率がずいぶん上がっているとのことです。**

それでも、へその緒がついているような状態で保護される野良の子猫の8割は、感染症への罹患、重篤な下痢や結膜炎、衰弱、生育不良などにより、自然死もしくは育成が難しい個体の苦痛をなくすために安楽死処置がなされる。それに対し、離乳後の猫の場合は譲渡が4割程度になるとのことです。その数を聞いて、改めて野良猫への不妊去勢手術の実施、飼い猫の屋内飼育の徹底の重要性を感じます。

最後に、案内していただいた職員さんに、働いていて嬉しいことは何か、と質問。すると、「収容頭数が減ったこと。とにかく、引き取る犬猫が減っているのが励みになる」と話してくれました。

いやしをもらえる場として知ってもらう。そして譲渡の裾野を広げていく。そんな目標に向かう横浜市動物愛護センターの熱意が、数時間の訪問でひしひしと伝わってきました。芝生の広場を横目に帰途につくとき、もう一度犬の個室に目をやると、若い夫婦が、犬舎ひとつひとつを楽しそうにゆっくり見て歩いていました。

「猫カフェ」シェルターはビジネス面から成立させる〔東京〕

落ち着いた照明のもと、やわらかいソファで紅茶を飲みながら漫画を読んでいると、キャットタワーで寝ていた猫が下りてきて、撫でてくれとせがむ。池袋から1駅の都会に、そんな変わった私設のアニマルシェルターがあります。

猫カフェみたいだけど猫を譲渡しているおもしろそうな場所がある、と友人から聞いて、さっそく彼女と向かったのは大塚にある「NPO法人東京キャットガーディアン」。近年人気を博している猫カフェに、シェルターを合体させるという画期的なスタイル。

この保護猫カフェは、社会企業家による、ソーシャルビジネスです。利用者がいないとつぶれるし、続かない。けれど、真の目的は営利追求ではない。

チャリティー文化が根付いていない日本では、非営利団体にとって資金収集は大きな課題。そこで、ビジネスを展開しつつ、保護活動を継続していくというわけです。動物との出会いの場をサービスとして売る、という感覚に満ちた運営がなされていました。

まず、サービス業らしく、人に来てもらいやすい場所が選ばれています。これまで訪問してきた15カ所のアニマルシェルターは、ほとんどが住宅地から離れていました。しかし、ここは大塚駅から歩いて3分、ビルの5階と、立地条件がバツグン。「犬は人に、猫は家につく」とよく言われますが、環境の変化に弱い猫は、外での譲渡会等には向かない。そこで、猫を動かすのではなく「猫のいる場所まで人に来てもらう」必要があり、そこもクリアできるのがこのシェルターというわけです。

代表の山本葉子《ようこ》さんは、都心のシェルターは猫に限定して初めて可能になると言います。都会で犬をとなれば、「預かりさん」と呼ばれる信頼できるボランティアに、1頭ずつ一時的に預かってもらうシステムが最適だそうです。

猫カフェの入場料が寄付金となる

ビルに到着したはいいものの、あまりにも立地条件がいいので、住所に間違いがないかとまどってしまいましたが、5階に着くと、猫用品などの販売棚の後ろに入口がありま す。あぁここだと安心して進むと、マンションの部屋を使ったそのスペースは、やわらかいオレンジ色の照明に包まれています。数分前まで人と車が行き交う混雑した道を歩いていたからか、玄関先だけですでに異空間。静かで温かな雰囲気です。入口には、エプロン

東京の猫カフェは、２階の広い部屋に漫画や本があり、つい長居してしまいそう。ソファでカップルが本を片手に猫を撫でていました。 ここでは、人も猫もリラックス！

保護猫は、代わりばんこにケージから部屋に出してもらいます。ケージの中をのぞくと、子猫がハンモックですやすや眠っていました。

保護猫を抱く代表の山本さんの言葉がしみ込みます。「もっともっと活動を加速していかないと、今、目の前にいる子は救えない。100 年先にできてもダメなのだから」。

を着たいやし系な女性スタッフがいて、名前を記入し、証明書を提示します。

すぐ、寄付金ボックスが目に入ります。これがつまりは、入場料ということのよう。猫カフェ初体験の私は、相場がわからず1000円札を中に。猫カフェ慣れしている友人が「他の、高い猫カフェと比べて、時間制限なしで金額もお任せなんて！」と、良心的なシステムに感激しています。そうなんだ……1000円では少なかったのかな……と思いながらスリッパに履き替え、白が基調の部屋に入ります。

斜めにガラスが張られた天井から差し込む陽差しを捉えようと、私が撮影に必死になっていると、猫カフェ慣れしている友人はさっさと猫とのふれあい部屋に入っていきます。ちょ、ちょっと待って！　と続くと、あちこちに小さな生きもの。やんちゃにじゃれ合いながら遊ぶ子猫たち、遊び場であるタワーの上から大きい目でこちらを見下ろす子猫。きゅんとくるかわいさ。

上の猫と視線が合ったので目を離せないでいると、ふわっと温かい何かが足に当たります。足もとにもたくさんの子猫です。至近距離で写真を撮ろうとしますが、子猫は動きが速く大苦戦。

ずらーっと並んだ白い本棚には、動物関連の本や漫画が並んでいる。会社帰りと思われるスーツ姿の男性や、本を読む女性、クッションに座りながら猫をやさしく眺めるカップルなどが思い思いに猫を愛でています。天井からは星のランプがオシャレな明かりを落としている。

ホームページを見た人が1人で来ることもあり、夜はリピーターが多いといいます。そんな落ち着いた空間でひとりパシャパシャと猫や室内にレンズを向けてはしゃぐ私。空気を読めなくても猫はやさしい。みんなかわいいポーズをとってくれたり、ずっと足もとで撫でてーとねだってくれたり。あぁ、ここに住みたい……。

さらなる楽しみを提供するために、廊下をギャラリーとして使っています。訪ねたのが年末だったので、カレンダーが販売されていました。シェルターのかわいい子猫の写真満載で私もつい購入。その次は、猫マンガが展示されるようで、まんまと作戦にはまって、また来たくなります。

保護猫の愛くるしい顔をぎゅっと詰め込んだカレンダー。ここでは、寄付金以外の収入源として、いろいろなグッズを販売していて、さらに、同じ建物の1階ではリサイクルショップも経営しています。

夕方になると間接照明が灯りオシャレな雰囲気に！　穏やかな時間が流れ、ずっとここでいやされていたいけれど、猫はもうすぐ寝る時間……。

子猫を行政から引き継ぐシステムをつくって

たくさんいるこの子猫たちにも、このシェルターの工夫と意識が隠されています。実は、ここにいる猫の8、9割は行政の動物センターから来ています。子猫のほうが人気で里親も見つかりやすいので、なるべく幼いうちに、まず行政から引き取る。

以前は、東京の保健所から、乳飲み子は譲渡してもらえなかったけれど、**譲渡数の高さや死亡数の低さといった同シェルターの実績をデータで示し、乳飲み子を託してもらうことに成功。今まで6年半で4000頭以上譲渡していて、譲渡数はさらに右肩上がり。**利用者層は、普通の猫カフェと一緒とのこと。

殺処分というつらい仕事をしてくれている行政のシェルターに感謝しつつも、行政シェルターが改善されるのを待っているのではなく、**「自分でやる」という決意が、代表の山本さんの言葉の端々に感じられます。彼女は、犬猫の殺処分解決に必要なのは、「愛でもなければ民意でもない。システムです」と言います。**

「もっともっと活動を加速していかないと、今、目の前にいる子は救えない。100年先にできてもダメなのだから」

海外のシェルターは、頭数が収容スペースを超えたり治療が困難な動物がいたりすると安楽死させるなど、合理的かつ現実的。けれど、日本では安楽死させること、命を奪う行為に抵抗を持つ人が多いため、「ノーキルシェルター」じゃないと支持者がついてこない。ならば、そんなシェルターを増やしていくしかない、と山本さんは言い切ります。「子猫を希望して来る人でも、障害がある成猫、高齢な猫にも会ってもらうようにしていきます。活動開始以来、一貫してノーキルを続けるこのシェルターでは、ほぼすべての猫が新しい家族に出会って卒業していきます」。

日本の感覚にフィットしたノーキルシェルターを続けるため、子猫動画を発信したり、ブログ漫画をつくったり、宣伝への労力は惜しみません。

そんな山本さんの目標は**「1都市に1保護猫カフェ」**。その実現への問題は運営者、ということで、現在は保護猫カフェの経営者の教育に力を入れています。猫の健康管理や取り扱いを実践しながら学ぶ猫カフェスクールを開校しています。

猫にいやされながらいろいろな話を聞いていると、猫のお世話をしているスタッフが部屋に入ってきました。すると、私に撫でられていた茶色い猫も、近くでスヤスヤ寝ていた子も、部屋の端から端までダダーっと彼女をめがけて駆け寄って行く。順番に撫でるスタッフを見ながら、猫も人も幸せそうだなぁと、こちらもつられて心が温かくなります。

ここらで猫たちはおやすみの時間ということで、都会のオアシスのような場所をあとにします。1都市に1保護猫カフェができる日が待ち遠しい。そうすれば、猫の殺処分はゼロになるかもしれませんね。

不登校児も動物にいやされて学校に〔長野〕

動物の問題について勉強していて思うことがあります。それは、想像力こそが、子どもの頃から身につけるべき力だということ。地球温暖化にしても動物虐待にしても殺人にしても、自分の行動が生む結果を想像できなければ、人は道に外れたことをしてしまうのではないでしょうか。逆に、想像できたら他者を傷つけることも、買い物袋のビニールをもらうこともなくなる。

想像力を培うためには、音楽を聴く、絵や本に親しむ、といったさまざまな方法があると思います。それでも、ふだん目に見えない社会問題に気づくことは簡単ではありません。そこで、たとえば動物、環境問題については、子どもたちに気づく機会を与える活動、ヒューメイン・エデュケーション（人道教育）が海外で広まっています。日本でもそうした活動は行われています。長野県が運営する動物愛護センター（通称・ハローアニマル）では、私が行った日本の動物保護施設の中で、最も愛護教育が徹底されていました。

２０１４年12月、寒さの中、ロシア製のブーツと手袋というフル装備で長野県小諸駅に降り立ちました。意識も機能性も高いと評判のアニマルセンターを見学しようと、環境省の方々、動物法に関心を持つ研究者の方々の訪問に便乗させてもらいました。駅から車で向かうと、車窓から見えるのは、真っ白い山や、大雪で雪かきが大変そうな家々。干してある洗濯物は凍らないのか、と話しているうちに10分ほどで到着。

サッカー場３面分という広い敷地に、ゆったりと建てられた建物が見えてきます。木造の玄関を通り中に入ると、正面の窓から光が差し込み劇場のよう。

さらに進んで、白を基調にした壁に木造の手すりが温かい雰囲気の、40席のシアタールームへ。そこで、動物愛護教育を担当する女性獣医師に、ここでの動物愛護教育の取り組みについて聞きます。話から、センターに携わることへの思いと誇りが感じられて聞き入ります。**子どもに対する動物とのふれあい教室や職場体験を行っていて、人、動物、環境にやさしい子どもを育んでいきたいとのこと。**

また、**希望があれば、不登校児童生徒に好きな動物と過ごしてもらっている。**子どものペースに合わせ、徐々に動物の世話を体験してもらう。ハローアニマルの仕事を任すことで自己肯定感も得られるよう支援しているとか。「結果として学校に行けるようになるケースもあり、ハローアニマルはその架け橋となっているんです」と語るスタッフの目は輝いていて、こちらも熱くなってきます。

「公務員犬」「公務員猫」が動物とのふれあいを子どもに教える

情熱あふれる取り組みを聞いたあとは、施設の見学に。動物の飼育環境、雰囲気づくり、観光要素、という3点において、本センターは国内では群を抜いて先進的でした。

ここには、動物ふれあい教室で、子どもたちに動物へのあいさつや撫で方を教えるといった公務をこなす「公務員犬」「公務員猫」がいます。外のドッグルームに行くといた2頭、ラブラドールレトリーバーのミックスに見えるげんきと、パピヨンのジョンが公務員犬です。

保健所で保護された子犬の中から適性を見て選び、一定の期間、公務員犬として働いたら新しい家族に迎え入れてもらうとのこと。人にも慣れ、しつけもできているからすぐにでも里親が見つかりそうです。雪が氷になりかけた道を歩き鼻をすすっていると、柵の間から一生懸命鼻を突き出し、「匂いをかがせて！　撫でて！」とアピールしてくるげんき。そのしぐさを見て寒さが吹き飛びます。パピー（子犬）ルームの半分は床暖房になっており、雪国のセンターでも安心。人が来ると、おもちゃもそっちのけで尻尾をちぎれんばかりに振る犬たちは、訪問者の心をつかむ方法を心得ています。

人なつっこい犬たちが、ケージを飛び越えそうな勢いで訪問者に猛アピールしている中で、1頭ケージの端で頼りなくおすわりをしている茶色い犬がいて、逆に目立ちます。

スタッフの方が、「この子はらんまる。怖がりでね。でも怖がりのほうが、家庭に入っちゃえば、飼い主だけに甘えるからそれはそれでいいんだよね。そこまで時間がかかるけどね」と言いながら、らんまるを笑顔で見つめる。ぜひその飼い主に立候補したいという衝動を抑えつつ、猫のプレイルームに進みます。

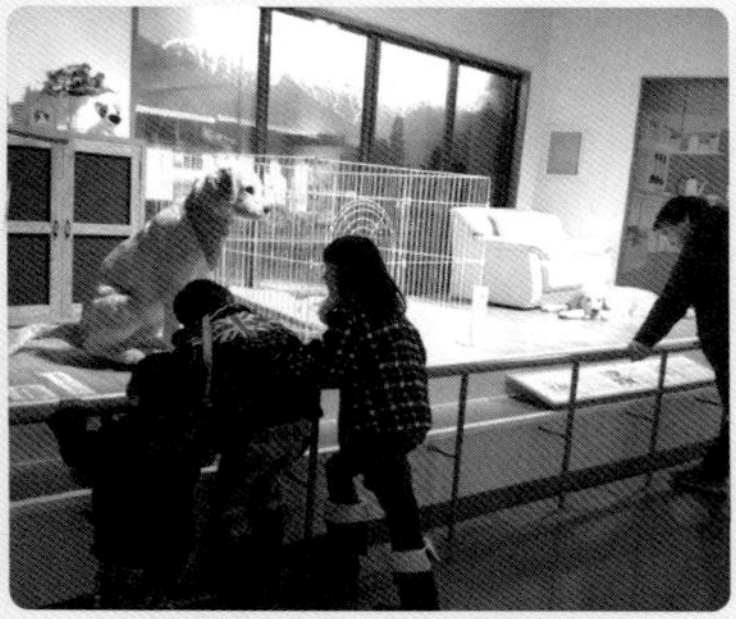

「動物探Q館」は、動物福祉に関する普及啓発の場所。動いて話す犬のロボットが、犬目線から飼い方を教えてくれます。

通称「ハローアニマル」＝長野県が運営する動物愛護センターの、ドーム型の野外ふれあいスペース。センターにはドッグランも併設されるなど充実の施設。

子どもたちへの愛護教育のためのボードは、動物とふれあう際の注意事項をわかりやすく伝えます。

センター内のシアタールームでは映像を観て、負傷動物の治療からボランティア育成研修まで、センターが担う役割がいかに広いかを理解できるようになっています。

猫がのんびり過ごす部屋。家庭に引き取られたあとの環境適応を考え、階段の設置やフローリングの床など、一般家庭の部屋のようにつくられています。

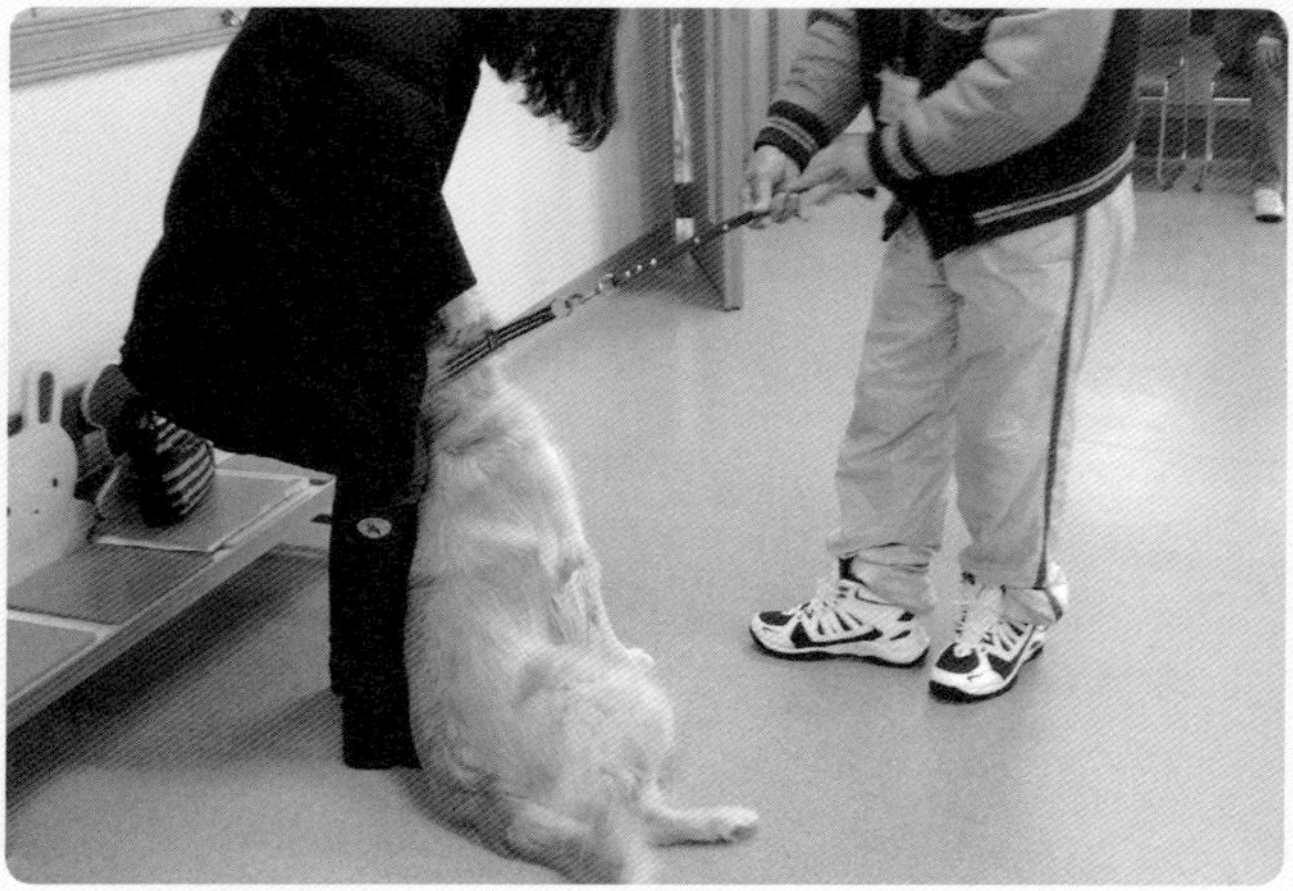

しつけ教室なども開かれるふれあいルームでは、ボランティアの方が、ゴールデンレトリーバーと、ふれあい活動をしていました。

飼育環境の見本のため、室内環境をしっかりと整えた猫のプレイルームは、ベルリンのシェルター（P92）にひけをとらないほどなごめる空間。昼寝に最適な階段や猫タワー、暖かそうなブランケットが清潔に置かれ、「公務員猫」や譲渡対象の猫がリラックスしています。

ふと、匂いが気にならないことに気づきました。ここに、犬、猫、ウサギ、モルモットなど、合わせて約60頭いるとは思えないほどです。糞尿をしたらすぐに掃除をするスタッフやボランティアの仕事ぶりのおかげでもありますが、ここにはもうひとつ秘密がありました。

動物の各部屋からパイプを通じて空気を吸い込み、集めた空気をダクト室でフィルターを通し、外に排出しているのです。これなら近隣から苦情も来ないというわけです。ダクト室の大がかりな装置によって、駅から10分という街場にセンターをつくれたのですね。

そして何よりも、ここでは殺処分という行為が行われておらず、重く悲しい雰囲気がまったく漂ってきません。

そうしたマイナス要素を減らしただけでなく、楽しめる要素を増やして観光施設にもなっているのが、ここの特徴です。ふれあいルームでは、いきいきとした笑顔のジャージ姿のボランティアが、見学に来た子どもに犬へのあいさつの仕方を教える姿が。おそるおそる犬にあいさつできたあと、はずかしそうに笑う男の子。センターがオープンして以来やっているボランティアさんは「いきがいそのものです」と言います。

ふれあいルームの向かいには「動物探Q館」があり、外の風景や室内を再現したセットが。わんわんサイドではロボット犬が、にゃんにゃんサイドではロボット猫が、犬猫の性質や秘密、飼い方などを教えてくれて、子どもたちが身を乗り出して聞いています。外につながれる番犬について、「みんなもひとりぼっちは寂しいでしょう？　だからわんわん吠えちゃうんです」と、口を開けて話す犬のロボットのようすを、子どもたちは飽きることなく夢中で見ています。**こうした観光要素もあって、センターには年間9万人の利用者がいるとのこと。**

このセンターは2000年に建設されました。犬のしつけをきちんとして問題行動のもとを断つ、つまり飼育放棄の予防をする場所が必要だ、という意識の高まりと、関係者の理解があって、「教育するセンター」ができたのです。日本は動物愛護後進国と言われることもありますが、日本も捨てたもんじゃない！　と海外に宣伝して回りたくなります。

動物不在でも効果的なアメリカの愛護教育

ハローアニマルのような施設が日本全国にできることを願いながら、米国で学んだ愛護教育のことを思い出しました。

私が、オレゴン州で米国版動物愛護教育のトレーニングを受けたところ、その方法に驚きました。「HEART」という団体が行う教育プログラムのテーマは、ペット動物に限らず、畜産動物、野生動物、実験動物と多岐にわたりますが、感心したのは内容だけでなく、そのやり方。動物にやさしくすることを教えるのに、動物とのふれあいがいっさいなく、それどころか、そもそも教室には動物がいないのです。

実際、ふれあい学習は、ときに動物に負担を与えることがあります。知らない人たちからたくさん触られて精神的ストレスが溜まったり、学校での飼育などは十分なケアがなされず虐待状態になる例もあります。しかし、**動物がいないのに、どうやって動物への思いやりを学ぶのか？　それは、「体験」「思考」「発信」によって可能だったのです。**

HEARTが定期的に授業を行っている小学校の一室。子どもたちを前に、先生のダニーがビール瓶を入れるような網目状の四角いケースを逆さに置いて、「誰か3人、前に出てきて！」と明るい声で呼びます。立候補した子どもたちが軽快に前に出ると、３人ともケースの上に立ってもらいます。狭いスペースで足の踏み場をようやく確保し、お互いの腕や腰につかまりながら必死に立つ子どもたち。数分後、「どうだった？」と聞くと、「踏み場が狭くて大変だった」「あんなに人と密着したら疲れちゃうよ」という回答が返ってきます。「そうだよね。でもそれは、私たちが食べている鶏肉になる鶏さんが、工場で暮らしている環境なんだよ。手も自由に広げられないスペースで飼育されているのはかわいそうだよね」とダニー。想像力をかきたてる教え方に感心しました。

また、自分で考え、話し合い、伝えることも重要。小学校低学年は、地球温暖化問題や動物問題をテーマに劇をつくって演じます。小学校中学年・高学年になると、動物に何ができるのかを話し合い、実験動物として利用されて傷ついたあとに保護されているチンパンジーに、遊び道具をつくって送ってあげた子どもたちもいたそうです。

前述したような想像力の重要性を、私はこのとき痛感しました。そして、動物に触れなくても、想像力で動物を思いやり、守る必要性に気づけると知ったのです。

保護した動物を、人に慣れさせ、しつけをしつつ子どもとふれあわせることは、いい面はたくさんあります。学校における動物飼育に関しても、ハローアニマルでは獣医師会と協働して適切に動物が飼養されるよう指導するなど、すばらしい取り組みをされていま す。しかし、愛護教育の可能性は、動物を利用しない方法も含めて考えられるのです。

ハローアニマルには、日本においても、子どものうちから他者を思いやる想像力を育む教育に取り組む人たちがいました。このように、**子どもたちの想像力を引き出す教育が増えていけば、人や動物、環境にやさしい社会がつくられていくでしょう。**

おわりに

動物法学者の卵として犬や猫たちのためにできることを伝えたい

25カ所の長旅におつきあいいただいた読者のみなさま、お疲れさまでした。最後に、今後みなさんがシェルターを訪問するとしたら何を期待し、何に気をつけたらいいのか、私なりの考えを書き残したいと思います。アニマルシェルター世界の旅の「魅力」と「注意点」です。

まず、旅の魅力です。私にとって、アニマルシェルターを巡る旅は、一言で言うと「動物に価値を見出し、自分にできることを考える旅」です。

動物問題に取り組んでいると、「よっぽど動物のことが好きなんだね」「人権侵害とか、もっと解決すべき問題がたくさんあるのでは？」といった反応をいただくことがあります。たしかに動物は好きなほうですし、人権問題はとっても重要。けれども、どちらの反応も私にはしっくりきません。その違和感は、この言葉に集約されています。

"The idea that some lives matter less than others is the root of all that's wrong with the world."

「ありとあらゆる問題の根底にあるのは、他者の価値を低く見るという考え方である」

——ポール・ファーマー

他者の価値を低く見ることがとてつもない暴力につながりうる。そうした視点であらゆる問題を見つめてみると、人に対する暴力と、動物への過度な暴力は、根本でつながっているように思えるのです。もしあらゆる問題を根底から考え直すことができたら、人と動物、どちらにとってもいい社会にできるのではないでしょうか。

心にトゲが刺さって、それがどんどん深いところまで食い込んでいくような感覚を味わってきました。けれども、直視したくない現実があるなら、むしろ関係する人たちとしっかり話して熟考したうえで、変える努力をすればいい。目を背けて、見たくもないような現実をそのままにしておくなんて、つまらないです。

自分の短い人生ですべてを変えることはできないとしても、少しずつ、人と動物の関係性をより良くしていくことは可能かもしれない。アニマルシェルターを訪問して、何かしようと走り回る人々や、まっすぐに生きる動物と会ってきた今、心身ともに傷つく動物を減らそうと、本気でそう思っています。

アニマルシェルターを巡る旅は、動物問題について知ると同時に、ひとりひとりができることを教えてくれます。というのも、人が動物を傷つけていることを知るときは決まっていつも、そんな状況を変えようと懸命にもがく人たちに出会うからです。

保護犬の殺処分を防ぐために、毎週末シェルターに通い続けるロシアのボランティア女性。何十年間もサバンナで野生動物に仕掛けられたワナを撤去し続けるケニアのおじいさん。飼い主から心ないことを言われてもセンターに犬を持ち込ませないよう説得を続ける熊本の職員の方。

そんな出会いがあるたびに、人は他者のためにここまでできるのかと驚き、他の存在を尊重する態度に心が洗われます。人間も捨てたもんじゃない。というか、かっこいい！と、人のできることを信じたい気持ちになるのです。

そして、訪ねれば訪ねるほど保護動物の笑顔に愛着が湧いていく。ますます、彼らの価値を低く見ることはできなくなる。シェルター訪問はまさしく「動物に価値を見出し、自分にできることを考える旅」なのです。

そして、そんな旅を続ける際の「注意点」。それは、動物問題においては特に、自分の目で見て、早わかりしないよう努めることが大切だということです。

情報が早歩きしてしまう今の時代、動物保護に関する議論も、先入観やイメージで語られることが多いと感じます。それはときに正確な判断を鈍らせ、図らずも人間同士で傷つけ合う事態を生みかねません。

逆に、関係者の人々の苦悩や努力と、動物が本当に求めていること、この2つについてバランスよく、想像力を働かせることができたら、人と動物双方にいい社会が少しずつ見えてくるのではないでしょうか。

本書では、8カ国のシェルターを説明してきたのですが、訪ねたシェルターはほんの一部です。街や州の規模や地域性、公営か私営かによっても状況は異なりますし、どこもその国のすべてを語れるものではありません。

この本を手に取ってくださったみなさんには、どこの国はすごい、日本はまだまだだ、といった決めつけではなく、どの国のどの町の動物保護施設でも、まずは行ってみようじゃないか、と興味を持っていただけたら嬉しいです。

このたび、この本の出版が可能となったのは、ひとえにこれまで私を支えて応援してくださった方々のおかげです。以下、この場を借りてみなさまにお礼を申し上げます。

意義がある本だと言ってくださり、完成が見えない原稿を辛抱強く待ってくださったダイヤモンド社の土江英明様。かたい論文か友人への手紙くらいしか書き物をしたことがなかった私を叱咤激励し、熱意をもって読みやすい文章にしてくださった、著述家・編集者の石黒謙吾様に、心から感謝申し上げます。

河合光葉さん、新井佑里さん、日本とアメリカ間の16時間時差によるスカイプミーティングを何度も重ね、出版甲子園の優勝に導いてくださり、ありがとうございました。

指導教員の青木人志先生には、いつも温かく前向きなご指導をいただき、感謝しております。

いつも無条件に応援してくれている父母、ふたりの姉、そして、愛犬くぅ、天国にいるあくびのおかげで、動物問題を人生のテーマとし、楽しくがんばれています。

そして何より、訪問したシェルターで快くいろいろ教えてくださったスタッフの方々のお力添え、動物との出会いがなければ、この本は世に出ていません。

最後に、この本を手に取ってくださったみなさんに、心から感謝いたします。本書を読み終えて、人と動物の関係がより良くなるよう、日々の生活に変化をもたらしていただけましたら、それに勝る喜びはありません。


私がこの本に記した場所は、世界じゅうに把握しきれないほどの数があるアニマルシェルターのほんの一部です。1冊の本ではとても巡りきれなかったシェルターに、ぜひ足を運んでみてください。それでは、

Have a great journey to animal shelters!

参考文献・サイト

[はじめに]
『タオのプーさん』ベンジャミン・ホフ・著、吉福伸逸、松下みさを・訳（平河出版社／1989）.
「犬・猫の引き取り及び負傷動物の収容状況」環境省自然環境局総務課動物愛護管理室（2015）, https://www.env.go.jp/nature/dobutsu/aigo/2_data/statistics/dog-cat.html

第1章［アメリカ］
「第一部・忍び寄る犯罪（7）動物虐待　犬猫が高じれば人も」四国新聞社（2004/04/19）.
『日本人の宗教と動物観：殺生と肉食』中村生雄・著（吉川弘文館／2010）.
『日本の動物観：人と動物の関係史』石田戢、濱野佐代子、花園誠、瀬戸口明久・著（東京大学出版会／2013）.
『畜産統計〈平成27年〉』農林水産省大臣官房統計部・編（農林統計協会／2016）.
『生活情報シリーズ⑱ 食肉の知識』宗村義隆・著、藤巻正生、吉田忠、柴田博、品川邦汎・監修（国際出版研究所、恒信社／2004）.
『動物の解放［改訂版］』ピーター=シンガー・著、戸田清・訳（人文書院／2011）.
『動物福祉の現在：動物とのより良い関係を築くために』上野吉一、武田正平・編（農林統計出版株式会社／2015）.
「世界の飢餓人口は減少、しかし未だ８億５００万人が慢性的に栄養不足」国際連合食糧農業機関（2014/09/16）, http://www.fao.or.jp/detail/article/1248.html
Oregon Humane Society Magazine, Oregon Humane Society (2012).
"Quantification of the Environmental Impact of Different Dietary Protein Choices", Lucas Reijnders and Sam Soret, The American Journal of Clinical Nutrition 78 (3) 664S-668S (2003).
"The Environmental Food Crisis", Nellemann, C., MacDevette, M., Manders, T., Eickhout, B., Svihus, B., Prins, A.G. and Kaltenborn, B.P. (Eds.), United Nations Environment Program (Birkeland Trykeri AS ／2009).

第2章［イギリス］
「諸外国における犬猫殺処分をめぐる状況：イギリス、ドイツ、アメリカ」遠藤真弘、国立国会図書館調査及び立法考査局、『調査と情報』（830）1-10（2014）.

第3章　［ドイツ］
「犬天国ドイツに学ぶ」坂本光里、All About (2006/03/22), http://allabout.co.jp/gm/gc/68779/
「ドイツ最大の動物保護施設を訪ねて」森映子、時事ドットコム（最終確認 2017/03/14）, http://www.jiji.com/jc/v4?id=2013tierheim_berlin0001
「ドイツにおける動物保護の変遷と現状」中川亜紀子、四天王寺大学紀要 54（2012）.
「実態調査の結果について：生産者アンケート結果」畜産技術協会（2007）.
"Consumer Concerns about Animal Welfare and the Impact on Food Choice", Gemma Harper and Spencer Henson, Final report EU FAIR CT98-3678 (2001).
"Large-Scale Farmed Animal Abuse and Neglect: Law and Its Enforcement", Cheryl L. Leahy, 4 J. Animal L. and Ethics 63 (2011).

第5章［スペイン］
"A Theoretical Perspective to Inform Assessment and Treatment Strategies for Animal Hoarders", Gary J. Patronek and Jane N. Nathanson, Clinical Psychology Review 29 (3) 274-281 (2009).

第6章［ケニア］
「横行する象牙密輸、日本もその一因？　海外紙が指摘」NewSphere（2014/01/22）.
「沖縄県におけるマングースの移入と現状について」川上新、『しまたてい』11（2000）.
「侵略的な外来生物とは」環境省、特定外来生物に夜生態系等にかかる被害の防止に関する法律（最終確認 2017/03/14）,
http://www.env.go.jp/nature/intro/1outline/basic.html
『地域資源を守っていかすエコツーリズム：人と自然の共生システム』敷田麻実、森重昌之・著（講談社／2011）.
「世界で最後の1頭　オスのキタシロサイを２４時間警備」CNN（2015/04/17）, http://www.cnn.co.jp/fringe/35063331-2.html

"The National Elephant Conservation and Management Strategy (2012-2021) at a Glance", Omondi Patrick and Ngene Shadrack, George Wright Forum, 29 (1) (2012).
"Kenya, in Gesture, Burns Ivory Tusks", Jane Perlez, The New York Times (1989/07/19).
"Kenya's Hi-Tech Fight Against Poaching: Rhinos Get Microchipped in a Bid to Halt the Illegal Trade of Their Valuable Horns", Sarah Griffiths, Daily Mail (2013/10/18),
http://www.dailymail.co.uk/sciencetech/article-2465932/Kenyas-rhinos-microchips-horns-fight-poachers.html
"National Strategy for Combating Wildlife Trafficking", The White House, Washington (2014/02/11).
"China Destroys 662 kg of Illegal Ivory", Zhang Yan, China Daily (2015/05/30),
http://www.chinadaily.com.cn/china/2015-05/30/content_20861682.htm

第7章［香港］
「すごすぎる香港の住宅事情！ 極狭・バリ高で２段ベッド大活用なのに住み込みメイドさんを雇うことも」Felix 清香、Pouch（2014），
http://youpouch.com/2014/12/22/242844/
「現代社会におけるペット問題と法：わが国の動物法はいまどこにいるのか」青木人志、『法律のひろば』64（8）（ぎょうせい／2011）．
"The Independent Review of the Prosecution Activity of the Royal Society for the Prevention of Cruelty to Animals", Stephen Wooler CB (2014).

第8章［日本］
『犬を殺すのは誰か：ペット流通の闇』太田匡彦・著（朝日新聞出版／2010）．
「平成 25 年行政事業レビューシート：動物収容・現状と対策施設整備費補助」環境省自然環境局総務課動物愛護管理室、事業番号 241（最終確認 2017/03/14）．
Black Beauty, Anna Sewell (Jarrold and Sons ／ 1877).

［おわりに］
"Physician's Medical Roots: Liberation Theology", Thomas C. Fox, National Catholic Reporter (2015/09/03),
https://www.ncronline.org/blogs/ncr-today/physicians-medical-roots-liberation-theology

---

Special Thanks（五十音順、敬称略）

［動物保護施設関係者］
ARK（アニマルレフュージ関西），NPO 法人東京キャットガーディアン，京都動物愛護センター，京都府動物愛護管理センター（現 京都動物愛護センター支所），熊本市動物愛護センター，長野県動物愛護センター，横浜市動物愛護センターのみなさま

Staffs of Africa Network for Animal Welfare (ANAW), Animal Shelter of Cityregion Aachen, Animal Shelter in Moscow, Centre d'Acollida d'Animals de Companyia de Barcelona (CAACB), Cheltenham Animal Shelter, David Sheldrick Wildlife Trust, Fundacion MONA, Fundacion Trifolium, Giraffe Centre, Humane Education Advocates Reaching Teachers (HEART), Lighthouse Farm Sanctuary, Ol Pejeta Conservancy, Oregon Humane Society, Out to Pasture Sanctuary, San Francisco SPCA, SPCA Hong Kong, Tierheim Berlin and Tierschutzverein Arche.

［その他協力者］
阿部俊介，池田彩夏，稲岡彩，打越綾子，鹿子畑恵子，河内秀子，品川皓亮，張子康，
Amanda Whitfort, Anna Mulá, Carlos Contreras, Christina Kraemer, Elena Perez de Grácia, Fiona Choi, Kathy Hessler, Kian, Marita Giménez-Candela, Marlene Wartenberg, Minou, Miriam Klügel, Pamela Frasch, Patricia Trujillo Comino, Renate Knauf and Teresa.

［写真協力］
はぎけん，Caroline Evans, Gianni Plescia, Juli Zagrans, Natasha Dolezal, Rachel Sekine Tenny and Wachira Benson Kariuki.

［著者］
本庄 萌（ほんじょう・もえ）
1987年生まれ。犬や猫のみならず動物全体の保護に関する研究を続ける、法学者の卵。京都大学法学部卒業後、アメリカのロースクールで動物法を学ぶ。帰国後の現在も、一橋大学大学院に在学中。
15年間の海外生活中、イギリスでの高校生時代にアニマルシェルターを訪ねたことで、動物保護の道に進むことを決意。その後、10年かけて、日本はもとより、動物保護先進国の、アメリカ、ドイツ、イギリスをはじめ、スペイン、ロシア、ケニア、香港と、8カ国のシェルターを巡り、さまざまに進化する現状を見続けた。人と動物たちのより良い関係を願って、研究、提言などを行っている。

世界のアニマルシェルターは、犬や猫を生かす場所だった。

2017年5月24日　第1刷発行

著　者――本庄 萌
発行所――ダイヤモンド社
〒150-8409　東京都渋谷区神宮前6-12-17
http://www.diamond.co.jp/
電話／03･5778･7227（編集）03･5778･7240（販売）
装丁・本文デザイン―井上新八
構成・編集協力―石黒謙吾
企画協力――学生団体 出版甲子園実行委員会
印刷――――ベクトル印刷
製本――――ブックアート
編集担当――土江英明

ISBN 978-4-478-06626-3